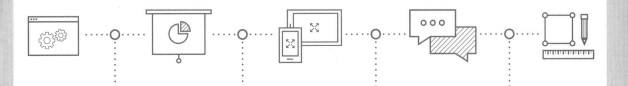

Axure RP 9

互联网
产品原型设计

慕·课·版

陈颖 张玉彤 / 主编

牛恒伟 郑春雨 顾聪慧 何煜琳 / 副主编

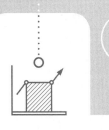

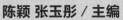
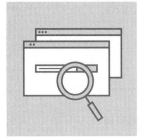
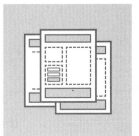

U0233634

人民邮电出版社

北 京

图书在版编目（CIP）数据

Axure RP 9互联网产品原型设计：慕课版 / 陈颖，
张玉彤主编. -- 北京：人民邮电出版社，2021.11（2024.1重印）
ISBN 978-7-115-55589-2

Ⅰ. ①A… Ⅱ. ①陈… ②张… Ⅲ. ①网页制作工具—
程序设计 Ⅳ. ①TP393.092.2

中国版本图书馆CIP数据核字(2020)第248951号

内 容 提 要

　　Axure RP 9 是一款专业产品原型设计软件，它能够按照用户的需求快速创建应用软件、Web 网页或 App 的线框图、流程图、原型和 Word 说明文档。同时它还支持多人协作设计和版本控制管理。

　　本书详细介绍了互联网产品原型设计制作的方法，以 Axure RP 9 为主要工具，详细讲解互联网产品原型从创建到输出的过程。本书由浅入深地讲解互联网产品原型的创建方法，以知识点+实例+综合实战的讲解方式，帮助读者快速掌握 Axure RP 9 的使用方法和技巧。本书共 12 章，分别为了解互联网产品原型设计、了解 Axure RP 9、页面管理与自适应视图、使用元件和元件库、元件的样式和交互、使用母版和动态面板、变量与表达式、函数的使用、使用中继器、团队合作与输出、设计制作网页原型和设计制作 App 原型。

　　本书适合原型设计制作初学者以及原型设计制作爱好者阅读，可以作为 UI 设计师和 UE 设计师参考书，也可以作为学校相关课程的配套教材或互联网公司、高新科技企业新人培训的教程。

◆ 主　　编　陈　颖　张玉彤
　　副 主 编　牛恒伟　郑春雨　顾聪慧　何煜琳
　　责任编辑　刘　佳
　　责任印制　王　郁　彭志环
◆ 人民邮电出版社出版发行　　北京市丰台区成寿寺路 11 号
　　邮编　100164　　电子邮件　315@ptpress.com.cn
　　网址　https://www.ptpress.com.cn
　　三河市兴达印务有限公司印刷
◆ 开本：787×1092　1/16
　　印张：15.5　　　　　　　　　　2021 年 11 月第 1 版
　　字数：482 千字　　　　　　　　2024 年 1 月河北第 9 次印刷

定价：59.80 元
读者服务热线：(010)81055256　　印装质量热线：(010)81055316
反盗版热线：(010)81055315
广告经营许可证：京东市监广登字 20170147 号

Axure RP 9

本书全面贯彻党的二十大精神，以社会主义核心价值观为引领，推动理想信念教育常态化制度化，加强和改进未成年人思想道德建设，统筹推动文明培育、文明实践、文明创建，在全社会弘扬奋斗精神、奉献精神、创造精神、勤俭节约精神，培育时代新风新貌。

Axure RP 9功能强大，应用范围广泛，是一款专业的原型设计软件，可以快速、高效地创建产品原型。它同时支持多人协作设计和版本控制管理，能够很好地表达交互设计师所构想的效果，也能够很好地将效果展现给研发人员，在提高工作效率的同时还能使团队合作更加完美。

本书章节安排

本书内容浅显易懂、简明扼要，由浅入深地详细讲述如何使用Axure RP 9设计制作产品原型。本书通过实例讲解知识点，帮助读者边制作边理解，使学习过程不再枯燥乏味。本书内容安排如下。

第1章　了解互联网产品原型设计主要介绍了什么是原型设计，原型设计的参与者，如何体现原型设计，原型设计的必要性和作用，原型设计中的用户体验，思维导图与原型设计，思维导图软件介绍。

第2章　了解Axure RP 9主要介绍了Axure RP 9简介，软件的下载、安装、汉化与启动，Axure RP 9的主要功能，熟悉Axure RP 9的工作界面，自定义工作界面，使用Axure RP 9的帮助资源。

第3章　页面管理与自适应视图主要介绍了使用欢迎界面，新建和设置Axure文件，页面管理，页面设置，设置自适应视图，使用辅助线和网格，设置遮罩。

第4章　使用元件和元件库主要介绍了了解元件面板，将元件添加到页面，元件的转换，元件的编辑，创建元件库，使用外部元件库，使用概要面板。

第5章　元件的样式和交互主要介绍了设置元件的属性，创建和管理样式，了解交互面板，添加页面交互，添加元件交互，交互样式设置。

第6章　使用母版和动态面板主要介绍了母版的概念，新建和编辑母版，使用母版，母版使用情况报告，应用动态面板，转换为动态面板。

第7章　变量与表达式主要介绍了使用变量，设置条件，使用表达式。

第8章　函数的使用主要介绍了了解函数，常见函数。

第9章　使用中继器主要介绍了中继器的组成，数据集的操作，项目列表操作。

第10章　团队合作与输出主要介绍了使用团队项目，使用Axure云，发布查看原型，使用生成器。

第11章　设计制作网页原型，运用Axure RP 9设计制作PC端网页产品原型，通过案例的制作帮助读者巩固所学内容。

　　第 12 章　设计制作 App 原型，通过制作一个创意家居 App 原型，帮助读者了解移动端产品原型的制作流程和技巧。

本书特点

　　全书内容丰富、条理清晰，通过 12 章的内容，为读者全面、系统地介绍了原型设计制作的知识以及使用 Axure RP 9 进行原型设计制作的方法和技巧，采用理论知识和实例相结合的方法，使知识融会贯通。本书有如下特点。

　　● 语言通俗易懂，精美实例图文同步，涉及大量原型设计制作的丰富知识讲解，帮助读者深入了解原型设计。

　　● 实例涉及面广，涵盖了原型设计制作中大部分的效果，每个效果通过实际操作讲解和实例制作帮助读者掌握原型设计制作中的知识点。

　　● 注重原型设计制作使用软件的知识点和实例制作技巧的归纳总结，在知识点和实例的讲解过程中穿插了软件操作和知识点提示等，能使读者更好地对知识点进行归纳吸收。

　　● 每一个实例的制作过程，都配有相关视频教程和素材，步骤详细，能使读者轻松掌握相关知识。

　　● 提供课后练习和课后测试，方便读者随时检验学习成果。

　　本书提供了书中所有实例的源文件、素材和演示视频以及素养拓展阅读包（可登录 www.ryjiaoyu.com 下载），方便读者借鉴和使用。

　　书中难免有疏漏之处，希望广大读者朋友批评、指正。

编者
2023 年 5 月

Axure RP 9

CONTENTS ——————————————— 目录

—01—

第1章　了解互联网产品原型设计

—02—

第2章　了解 Axure RP 9

Axure RP 9

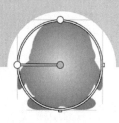

—03—

第 3 章 页面管理与自适应视图

CONTENTS ———————— 目录

─04─

第4章 使用元件和元件库

Axure RP 9

—05—

第5章　元件的样式和交互

CONTENTS —————— 目录

—06—

第6章　使用母版和动态面板

—07—

第7章　变量与表达式

Axure RP 9

—08—

第 8 章 函数的使用

—09—

第 9 章 使用中继器

CONTENTS ———————————— 目录

—10—

第 10 章　团队合作与输出

Axure RP 9

—11—

第 11 章　设计制作网页原型

—12—

第 12 章　设计制作 App 原型

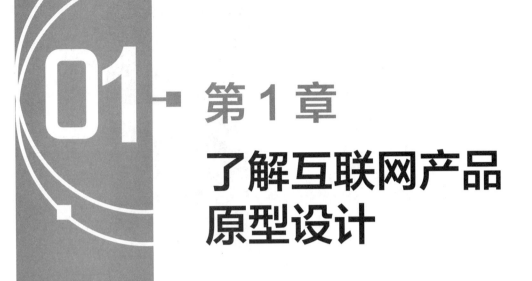

第1章
了解互联网产品原型设计

原型设计，常被称为线框图设计、原型图设计和 demo 设计等，其主要用途是在进行设计和开发之前，通过一个逼真的效果图来模拟最终的视觉效果和交互效果。本章将向读者介绍互联网产品原型设计的相关知识，帮助读者了解互联网产品原型设计的特点，通过合理的设计提高产品的用户体验。

本章知识点

- 了解原型设计的概念
- 掌握原型设计的方法
- 了解原型设计与用户体验
- 了解用户体验的重要性
- 了解思维导图与原型设计的关系
- 掌握思维导图软件的使用方法

1.1 什么是原型设计

产品原型是用线条、图形描绘出的产品框架；原型设计是综合考虑产品目标、功能需求场景、用户体验等因素，对产品的各板块、界面和元素进行合理排序和布局的过程。

对互联网行业来说，原型设计就是将页面模块、各种元素进行排版和布局，获得一个页面的草图效果，如图 1-1 所示。为了使效果更加具体、形象和生动，还可以加入一些交互性的元素，模拟页面的交互效果，如图 1-2 所示。

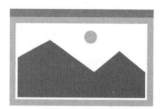

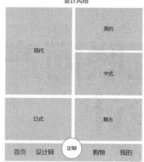

图 1-1　页面的草图效果　　　　　　图 1-2　页面的交互效果

提示： 随着互联网技术的普及，为了获得更好的原型效果，很多产品经理都采用"高保真"的原型，以确保策划效果与最终的展示效果一致。

1.2　原型设计的参与者

一个项目的设计开发通常需要多个人员的共同努力。很多人认为产品原型设计是整个项目的早期过程，只需要产品经理参与即可。但实际上产品经理只是了解产品特性、用户和市场需求，对于页面设计和用户体验设计则通常停留在初级水平。而设计师独立进行创作，会使得产品经理和设计师反复商讨、反复修改。

为了避免产品设计开发过程中反复修改的情况发生，在开始进行原型设计时，产品经理应邀请用户界面（UI）设计师和用户体验（UE）设计师一起参与产品原型的设计制作，如图 1-3 所示。这样才可以设计出既符合产品经理预期又具有良好用户体验且页面精美的产品原型。

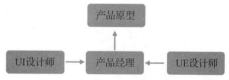

图 1-3　原型设计的参与者

提示： 互联网产品经理在互联网公司中处于核心位置，需要有非常强的沟通能力、协调能力、市场洞察力和商业敏感度。其不但要了解消费者、了解市场，还要能与各种风格迥异的团队配合。可以说互联网产品经理能力的高低决定了一款互联网产品的成败。

1.3　如何体现原型设计

用户可以通过直接在纸上作画的方式创建产品原型；或者使用 Word 和 Visio 等软件创建产品原型；当然选择一款专业的原型设计工具来创建产品原型也是不错的选择。

1.3.1　纸质

设计师可以使用笔直接在纸上描绘产品原型，设计大致的产品效果，如图 1-4 所示。这种方式通常是在产品经理进行原型构思的阶段使用。

通过这种方式可以将原型产品的框架基本确定，然后通过专业的软件将原型更形象、更直观地转移到电子文档中，以便后续的研讨、设计、开发和备案。

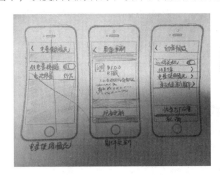

图 1-4　纸质原型

1.3.2　Word 和 Visio

用户也可以使用 Word 进行原型设计。在 Word 文档中建立一块画布，使用文本框、图片、控件等制作一个原型设计方案，Word 软件启动界面如图 1-5 所示。使用 Visio 设计原型比使用 Word 更方便。可以快速进行原型设计，Visio 软件启动界面如图 1-6 所示。

图 1-5　Word 软件启动界面　　　　　　图 1-6　Visio 软件启动界面

由于软件的局限性，通常只使用 Word 或 Visio 绘制原型的线框图。

相比手绘原型，线框图更加清晰和整洁，适用正式场合的 PPT 形式的宣讲的场景。线框图还可以是功能页面结构的视觉呈现形式，能传达页面的布局结构及定义功能元素，并能将产品需求以线框结构的方式展示出来，让产品需求以更加规整的方式直观展现，一般以黑白灰的形式表示。图 1-7 所示为产品原型线框图。

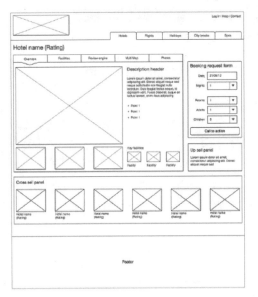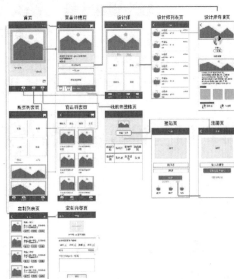

图 1-7　产品原型线框图

1.3.3　原型设计软件

目前原型设计软件有很多，比较常见的有 Axure RP、Adobe XD 和 MockupScreens 等。这些工具软件不仅具有丰富的 Web 控件，而且交互性很好。Axure RP 是其中的佼佼者，图 1-8 所示为 Axure RP 9 的启动图标和工作界面。

图 1-8　Axure RP 9 的启动图标和工作界面

使用这些专业的原型设计软件除了能够完成产品原型线框图绘制以外，还能完成高保真产品原型的绘制。

高保真产品原型是真实地模拟产品最终的视觉效果、交互效果和用户体验感受，在视觉、交互和用户体验上非常接近真实的产品，甚至包含产品的细节、真实的交互和 UI 等。图 1-9 所示为使用 Axure RP 9 完成的高保真 App 产品界面。

图 1-9　高保真 App 产品界面

> **提示：** 不同的公司、团队，对于互联网产品进行原型设计采用的方式可能会大相径庭，不一定非要使用某种固定的方式，最适合自己的才是最好的。

1.4　原型设计的必要性和作用

在互联网产品设计过程中，为什么一定要设计产品原型呢？能不能不设计产品原型，直接设计并开发产品呢？当然可以，但是有了产品原型，可以使互联网产品的设计开发过程更轻松，能减少由于规划不足造成的反复修改问题。

1.4.1　原型设计的必要性

原型设计是帮助网站设计完成最终标准化和系统化的较好手段。它最大的好处在于，可以有效地避免重要元素被忽略，也可以阻止做出不准确、不合理的假设。

提示： 无论是移动端的 UI 设计还是 PC 端的网页设计，原型设计的重要性都是显而易见的。原型设计让设计师和开发者将产品的基本概念和构想形象化地呈现出来，让参与进来的每个人都可以查看、使用，并给予反馈。而且，在最终版本确定之前可以随时进行必要的调整。

在项目开始之初，对每个元素进行调试并确保它们能够如同预期一样运作是相当重要的步骤。当设计完成可交互的高保真产品原型之后，设计师可以将它作为一个成型的界面来使用。通过测试模型中所有的功能，确认其能否解决规划阶段所计划解决的问题。

如果没有使用产品原型，而是在完成项目整体的设计和开发之后进行测试，那么修改和调整的成本就相当高昂了。

提示： 一个可用、可交互的产品原型所带来的好处并不是一星半点的，它还可以帮助开发和设计人员从不同的维度规划和设计产品。

1.4.2　原型设计的作用

一个高保真产品原型能够像最终完成的产品那样运行，用户可以对它进行操作，产品原型则会给予相应的反馈，用户能在明白产品运作方式的同时寻求解决特定问题的方案。产品原型经过可用性测试之后，能够带来更好的用户体验，并能够在产品上线发布之前排除相当一部分的潜在问题和故障。

1．让开发变得轻松

产品原型可以使产品的开发变得更加容易。当在一个项目中设计完成满意的产品原型之后，能够让参与者清楚项目发布之后的运作流程。开发人员能够在此基础上开发出更加完善的代码方案。

2．节省时间和金钱

当一个公司想要推出一款新的 App 或者发布一个新的网站时，总会集合一批专业的人士来完成这个项目。随着时间的推移，花销会不断地增长，项目上的投入自然越来越多。有了产品原型之后，团队成员能够围绕着产品原型进行快速高效的沟通，从而明确哪些地方要增删、哪些细节要修改，这样能够更加快速地推进项目进度。

3．更易沟通与反馈

有了产品原型之后，团队成员沟通的时候不需要彼此发送大量的图片和 PDF 文档了。取而代之的是添加评论和链接，或者使用原型工具内建的反馈工具进行沟通，这样沟通的效率提高了，产品原型的修订速度也更快了。

提示： 版本修订是原型设计过程中的重要组成部分，它是最终产品能完美呈现的先决条件。产品原型能够不断修正改善，这使得它成为产品研发中最有价值的部分之一。随着一次次的迭代，产品本身会越来越优良，而版本修订的过程也会越来越快速、简单。

1.4.3　原型设计的要点

在设计产品原型的时候，为了更好地表现网站内容并吸引更多的用户，设计师需要注意以下几点。

1．设计时规避自己的个人喜好

自己喜欢的东西并不一定谁都喜欢，例如网页的色彩应用，设计师个人喜欢大红大绿，并且其设计的作品中充斥着这样的颜色，那么可能会丢失很多潜在用户。原因很简单，即跳跃的色彩会让部分用户失去对网站的信任。

现在大部分的用户都喜欢简单的颜色。设计师可以通过先浏览其他设计师的作品再进行设计的方法来制定更符合大众的设计方案。

2．考虑不同类型的用户

设计师必须让很多不同类型的用户在网页上达成一致的意见，也就是常说的"老少皆宜"。因为抓住了不同类型用户共同的心理特征，吸引了更多新的用户，才能说明设计是成功的。

想要了解人们的浏览习惯其实很简单，只要想想周围的人都关注的共同东西就明白了。

3．充分分析竞争对手

设计师平时应多了解竞争对手的网站项目，总结出竞争对手的优缺点，并避开竞争对手的优势项目，以他们的不足为突破口，这样才会吸引更多用户的注意。也就是说，要把竞争对手的劣势转换为自己的优势，然后突出展现给用户，这一点更易在网站项目建设中实施。

1.5　原型设计中的用户体验

随着互联网竞争的加剧，越来越多的企业开始意识到提供优质的用户体验是一个重要的、可持续的竞争优势。用户体验形成了用户对企业的整体印象，界定了企业和竞争对手的差异，并且决定了用户什么时候会再次光顾。

1.5.1　用户体验包含的内容

用户体验一般包含 4 个方面：品牌、使用性、功能性和内容。一个成功的设计方案必然充分考虑了这 4 个方面，使用户可以便捷地访问自己需要的使用性和功能性的同时，又在不知不觉中接受了设计本身要传达的品牌理念和内容。

1. 品牌

品牌对于任何一件展示在大众面前的事物都有很强的影响力。没有品牌的东西很难受到欢迎。同样对于一个网站来说，良好的品牌也是其成功的决定性因素。

网站品牌取决于两个要素：独一无二的类型和内容丰富、更新及时，如图 1-10 所示。

$$\boxed{\text{网站品牌}} \quad = \quad \boxed{\text{独一无二的类型}} \quad + \quad \boxed{\text{内容丰富、更新及时}}$$

图 1-10　决定网站品牌的两个要素

网站的独一无二很好解释，假如某个行业只有一个网站，那么就算选择的关键词非常冷门或用户较少，对于这个行业来说也是品牌。假如某网站相对其他同类网站来说内容丰富、信息更新速度快，那么就是成功的。这两点对于树立网站品牌是非常重要的，归根结底就是网站是否可以给用户带来吸引力。

此外好的视觉体验对于品牌的提升也是很有影响的，例如，某公司有一款平民化的数码单反相机"××300"，这款相机虽然价格相对低廉，但是该公司却将这款相机的官方网站设计得高贵典雅，让人一眼就觉得这样的一款相机一定是价格昂贵的好相机，但实际这款相机售价并不高，这就是好的视觉体验对于品牌提升的影响。

网页设计的优劣对于人们是否能记住网站有非常重要的作用，适当地使用图片、多媒体对于改善网页效果也是很有帮助的，图 1-11 所示为淘宝的 PC 端网页和移动端网页。

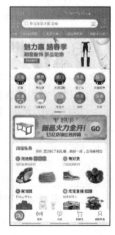

图 1-11　淘宝的 PC 端网页和移动端网页

2. 使用性

用户在浏览网页时，偶尔会遇到浏览器状态栏下显示网页上有错误的提示，如图 1-12 所示。这种情况一般不会影响用户正常浏览网页。但如果错误太大，则可能直接影响到网页的重要功能的使用。这会直接对网站的品牌造成影响。

图 1-12 网页上有错误的提示

这些错误有的可能是网站后台程序造成的，程序员应该迅速解决，避免影响网站的用户体验。有些错误则是由于用户的错误操作引起的，如果没有相关的浏览引导方案，会给很多接触计算机不多的用户一种"这个网站太难操作"的错觉，会严重影响用户体验。所以在进行网页设计时，一定要有用户操作错误的预设方案，这样才能更好地提高用户体验。

3．功能性

这里所说的功能性，并不是仅指网站的界面功能，更多的是网站内部程序上的一些流程。这不仅对网站的用户有很大的用处，而且对网站管理员来说也有不容忽视的用处。

网站的功能性包含以下内容。

● 网站可以在最短的时间内获取到用户所查询的信息，并反馈给用户。

● 程序功能过程对用户的反馈。例如经常可以看到的网页上的"提交成功"或者收到的其他网站的更新情况的邮件等。

● 网站对于用户个人信息的隐私保护策略，这对增加用户对网站的信任度有很好的帮助。

● 线上线下结合。最简单的例子就是网友聚会。

● 好的网站后台管理程序。好的网站后台管理程序可以帮助网站管理员更快地完成对网站内容的修改与更新。

4．内容

如果说网站的技术构成是一个网站的"骨架"，那么内容就是网站的"血肉"了。内容不单包含网站中的可读性内容，还包括连接组织和导航组织等方面。这也是一个网站用户体验的关键部分。也就是说，网站中除了要有丰富的内容外，还要有方便、快捷和合理的链接和导航。

综上所述，只要按照用户体验的角度优化网站，就可以让网站受到大众的欢迎。

1.5.2 用户体验的生命周期

从用户体验的过程来说，设计师总期望体验是一个循环的、长期的过程，而不是直线的、一次性的过程。好的用户体验能够吸引用户，让用户再次使用，并使其对网站逐步形成忠诚度，告知并影响他们的朋友；而不好的用户体验则会使网站逐渐失去用户，甚至会由于传播失去一批潜在的用户。

提示： 具有良好用户体验的网站，即使页面中存在一些交互问题，也不会影响用户继续支持该网站。

用户体验的生命周期分为吸引、熟悉、交互、保持和拥护5个方面，如图1-13所示。下面逐一进行讲解。

1．吸引

网站吸引人是用户体验的第1步，网站靠什么吸引人是用户体验设计首先要考虑的问题。

2．熟悉

通过明喻和隐喻等设计语义，让用户在不看说明书的前提下轻松访问网站，进一步熟悉网站。

3．交互

在用户与网站的交互过程中，用户的感觉如何、是否满足了用户的生理和心理需要，充分验证了网站的可用性。

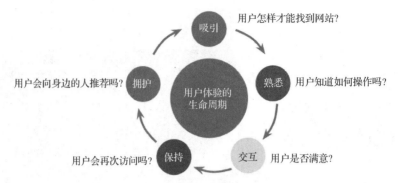

图 1-13　用户体验的生命周期

4．保持

用户访问网站后，是继续使用还是放弃？

5．拥护

用户是否对网站形成忠诚度并向其身边的人推荐该网站，也是用户体验设计的关键点。

1.5.3　用户体验的需求层次

用户体验可以分为 5 个需求层次：感觉需求→交互需求→情感需求→社会需求→自我需求，这 5 个需求层次是逐层递进的。

1．感觉需求

感觉需求指的是用户对于产品在感官方面的需求，包括视觉、听觉、触觉、嗅觉和味觉方面的需求，是对产品或系统的第一感觉。对于网站来说，通常只有视觉、听觉两方面的需求。

2．交互需求

交互需求指的是人与网站系统进行交互的过程中的需求，包括完成任务的时间和效率、是否流畅顺利、是否报错等。网站的可用性关注的是用户的交互需求，包括操作时的学习性、效率性、记忆性、容错率和满意度等。交互需求关注的是交互过程是否顺畅，用户是否可以简单、快捷地完成任务。

3．情感需求

情感需求指的是用户在操作浏览的过程中产生的情感，例如在浏览的过程中感受到的互动性和乐趣。情感需求强调页面的设计感、故事感、交互感、娱乐感和意义感，要对用户有足够的吸引力。

4．社会需求

在满足基本的感觉需求、交互需求和情感需求后，用户通常会追求更高层次的需求，希望得到社会对自己的认可。例如越来越多的人选择开通个人微博、拍摄短视频，希望以此获得社会的关注。

5．自我需求

自我需求指的是网站满足用户自我个性的需求，包括追求新奇、个性和自我实现等。对于网页设计来说，需要考虑允许用户进行个性化定制设计或者自适应设计，以满足不同用户多样化、个性化的需求。例如网站允许用户更改网页背景颜色、背景图片和文字大小等，这都属于页面定制。

1.6　思维导图与原型设计

思维导图，又称脑图、树枝图，是一种图像式思考的辅助工具，使用起来较为简单却很有效，是一种将思维形象化的方法，通过放射状的发散形式将思路变得更有条理和深入。

1.6.1　思维导图的作用

在原型设计的初期，由于不具备系统的思考框架，设计出的产品原型往往缺少操作流程、页面、控件，或者是相关人员没思考好用户的需求及网页设计的目的，使得整个网页在用户体验方面有短板。在开始设计产品原型前，使用思维导图可以很好地解决这些问题。

思维导图对于产品原型设计有什么作用呢？

1. 优化大脑，提高沟通效率

人的大脑就像计算机的 C 盘，装的东西多了，就会变得卡顿，所以把一些资料存放在其他硬盘，能让计算机运行得更快。对于大脑来说也是如此，该记下来的就记下来，不要让大脑太累了，让大脑做真正该做的事。设计师每天要做的事情很多，要记的事情也很多。在开发网站之前，如果能用思维导图把想说的画出来，不但能减少很多与开发团队沟通的问题，而且更高效。

2. 防止记忆或沟通方面的遗漏

人的记忆有限，不可能记住所有的事情。设计制作网页时会有很多的功能点，不可能全部记住。设计师可以根据网站的战略、商业模式等把想要实现的功能在思维导图中逐一罗列出来，这样在与开发团队沟通时就不会出现遗漏了。

3. 让思路变得有条理

当看到所有任务都清晰地展示在眼前，对该做的事情也有所了解，就会慢慢发现，其实开发一个网站也没有那么难，逐个地去解决问题和完成任务就可以了。这样不管是与开发团队还是与外部的供应商、经销商、用户或其他合作伙伴沟通时，心里都会有底，而且非常有条理，先制作什么、后制作什么的思路都会很清晰。

所以，如果想要开发一个网站或 App 项目，首先使用思维导图软件把自己脑海里想的思路全部"画"出来，可能发现很多之前没有考虑到的盲点。

1.6.2　思维导图的基本类型

思维导图的基本类型有圆圈图、气泡图、树状图、桥形图、括号图和鱼骨图 6 种，还有很多类型是由基本类型延伸得到的。例如气泡图可以延伸为双气泡图。

1. 圆圈图

圆圈图是由不同大小的圆圈组合而成的，位于中间部分的自然是中心主题，一般会偏大一点，四周的圆圈是分支主题，大小稍微小点，使用圆圈图可以培养想象力以及联想力，如图 1-14 所示。

2. 气泡图

气泡图包括单气泡图和双气泡图。单气泡图由很多圆圈围绕中心主题所建立；双气泡图由两个气泡思维导图组建而成，中间的部分是两个思维导图所重合的部位，也就是总结内容时两个关键词都具备的特性，如图 1-15 所示。

图 1-14　圆圈图

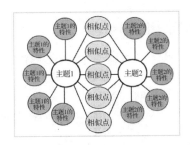

图 1-15　双气泡图

3. 树状图

树状图就如同一棵大树，该类型的思维导图主要适用于对知识点进行归纳，这样在后期使用的时候可以一目了然地清晰展现，如图 1-16 所示。

4. 桥形图

桥形图是一种类比图，整个造型和桥梁的水平地方与凸起地方很像，但是两者又是具有相关性的，如图 1-17 所示。

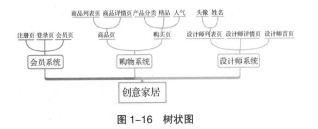

图 1-16　树状图

图 1-17　桥形图

5. 括号图

括号图与树状图的功能相似，也常用于对知识点进行归纳，利用花括号对不同的主题进行详细讲解，如图 1-18 所示。

6. 鱼骨图

鱼骨图也是思维导图的一种，只是鱼骨图是讲述的某件事情或者是解决问题的方法。不同于思维导图是围绕中心主题进行搭建的，鱼骨图主要按照先后顺序分析事物的发展状况以及内在逻辑，如图 1-19 所示。

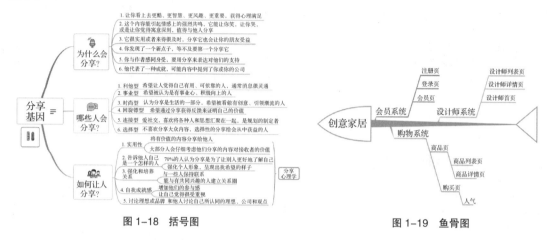

图 1-18　括号图　　　　　　　　　　　　图 1-19　鱼骨图

1.7　思维导图软件介绍

目前流行的思维导图软件有很多，比较著名的有 MindMeister、XMind 和 MindManager，接下来分别介绍这 3 款软件。

1.7.1　MindMeister

MindMeister 是一款典型的思维导图软件，功能非常完善。作为一款在线头脑风暴应用软件，MindMeister 以协作为设计理念，能实时更新。可跨地点、多设备共享思维，在团队共创方面表现突出。

用户可以打开 MindMeister 的官方网站，如图 1-20 所示。注册并登录后，即可开始绘制思维导图。

图 1-20　MindMeister 在线界面

1.7.2　XMind

XMind 是一款易用性很强的软件，通过 XMind 可以随时开展头脑风暴，它能帮助用户快速厘清思路。XMind 绘制的思维导图、鱼骨图、二维图、树状图、逻辑图、组织结构图等可以结构化的方式展示具体的内容，设计师在用 XMind 绘制图形的时候，可以时刻保持头脑清醒，随时把握计划或任务的全局，它可以帮助用户在学习和工作中提高效率。

　　用户可以在 XMind 和 XMind ZEN 两个版本中选择，两者没有本质的区别，XMind ZEN 是在 XMind 基础上重新设计的版本，不但具备 XMind 全面的思维导图功能，还有重新设计的界面和交互方式。图 1-21 所示为 XMind ZEN 的工作界面。

图 1-21　XMind ZEN 的工作界面

课堂操作——安装并使用 XMind ZEN

扫码看视频

| 源文件：无 | 操作视频：001.mp4 |

步骤 01 打开浏览器，在浏览器地址栏中输入 XMind 官方网址，单击页面中的"免费下载"按钮，如图 1-22 所示。下载完成后，双击 XMind-ZEN.exe 文件，弹出"XMind ZEN 安装"窗口，如图 1-23 所示。

图 1-22　软件下载页面

图 1-23　开始安装软件

步骤 02 稍等片刻即可完成软件的安装，弹出图 1-24 所示的新建文件界面。选择一种样式后单击"创建"按钮，即可进入 XMind ZEN 工作界面，如图 1-25 所示。

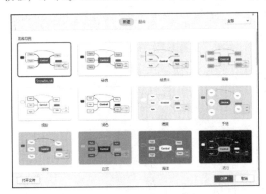

图 1-24　新建文件界面

图 1-25　XMind ZEN 工作界面

步骤 03 选中主题并修改文本，如图1-26所示。选中子主题并修改文本，如图1-27所示。

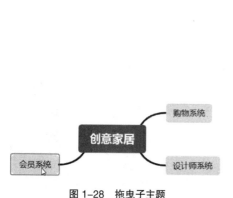

图 1-26　选中主题并修改文本

图 1-27　选中子主题并修改文本

步骤 04 选中"会员系统"子主题，向左侧拖曳，效果如图1-28所示。单击选中主题，单击软件顶部的"子主题"按钮，添加子主题，效果如图1-29所示。

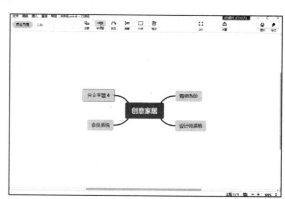

图 1-28　拖曳子主题

图 1-29　添加子主题

1.7.3　MindManager

MindManager 是一款国际化的商业思维导图软件，是创造、管理和交流思想的工具，可添加图像、视频、超链接和附件，是专业的思维导图软件。

MindManager 提供了友好、直观的用户界面，可协助用户快速记录灵感和想法，能有序地把用户的思维、资源、管理项目和项目进程组织为一个整体，极大地提高用户的工作效率。图 1-30 所示为MindManager 的工作界面。

图 1-30　MindManager 的工作界面

MindManager 与同类思维导图软件相比最大的优势是能同 Microsoft Office 无缝集成，能够快速将数据导入或导出到 Word、PowerPoint、Excel、Outlook、Project 和 Visio 中，因此其越来越多地受到职场人士的青睐。

1.8 本章小结

本章主要讲解了互联网产品原型设计的相关知识。针对原型设计的概念和原型设计的体现方式进行了详细的介绍。同时讲解了原型设计与用户体验的关系，帮助读者理解用户体验设计的重要性和设计要点。并对原型设计中思维导图的使用进行了剖析，为制作符合用户要求的产品原型打下基础。

1.9 课后练习——完成创意家居 App 项目的思维导图

通过本章的学习，读者了解了产品原型的概念和作用，也明白了思维导图与原型设计的关系。接下来使用 XMind ZEN 制作创意家居 App 项目的思维导图。

步骤 01 启动 XMind ZEN 软件并完成项目的二级功能，如图1-31所示。

步骤 02 根据项目的需求，完成"购物系统"功能的思维导图，如图1-32所示。

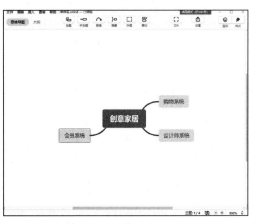

图 1-31　完成项目的二级功能

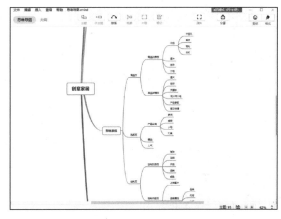

图 1-32　完成"购物系统"功能的思维导图

步骤 03 根据项目的需求，完成"会员系统"功能的思维导图，如图1-33所示。

步骤 04 根据项目的需求，完成"设计师系统"功能的思维导图，如图1-34所示。

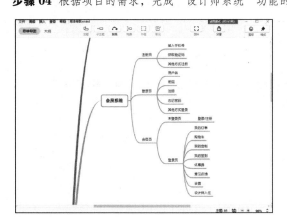

图 1-33　完成"会员系统"功能的思维导图

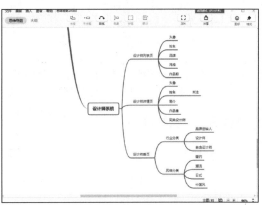

图 1-34　完成"设计师系统"功能的思维导图

1.10 课后测试

完成本章内容的学习后，接下来通过几道课后习题测验读者对原型设计相关知识的学习效果，同时加深读者对所学知识的理解。

1.10.1 选择题

1. 下列选项中不属于产品原型的体现方法的是（　　　）。
   A. Word
   B. Visio
   C. Axure
   D. Excel

2. 下列选项中不属于原型设计作用的是（　　　）。
   A. 让开发变得轻松
   B. 节省时间和金钱
   C. 更易沟通与反馈
   D. 能完成产品的上传

3. 可以把用户体验的需求层次分为（　　　）个层面，用来帮助设计师更好地解决问题。
   A. 5
   B. 4
   C. 3
   D. 6

4. 对于一个刚刚打开网站的用户，为了确保能够找到自己感兴趣的内容，通常不需要了解的内容是（　　　）。
   A. 身在何处
   B. 要寻找的内容在哪里
   C. 怎样才能得到这些内容
   D. 怎样进入网站

1.10.2 填空题

1. 在设计原型的时候，为了更好地表现网站内容并吸引更多的用户，设计师需要注意＿＿＿＿＿＿、＿＿＿＿＿＿和＿＿＿＿＿＿。

2. 用户体验一般包含＿＿＿＿＿＿、＿＿＿＿＿＿、＿＿＿＿＿＿和＿＿＿＿＿＿4个方面。

3. 用户体验的生命周期分为＿＿＿＿＿＿、＿＿＿＿＿＿、＿＿＿＿＿＿、＿＿＿＿＿＿和＿＿＿＿＿＿5个方面。

4. 用户体验可以分为5个需求层次：＿＿＿＿＿＿→＿＿＿＿＿＿→＿＿＿＿＿＿→＿＿＿＿＿＿→＿＿＿＿＿＿，这5个需求层次是逐层递进的。

5. 思维导图是一种图像式思考的辅助工具，使用起来较为简单又很有效，可将思维形象化，通过＿＿＿＿＿＿的发散形式将思路变得更为有条理和深入。

1.10.3 操作题

使用 XMind ZEN 绘制一款体育社交 App 的思维导图。

第 2 章
了解 Axure RP 9

Axure RP 9 能帮助网站设计者快捷、简便地创建基于网站构架图的带注释页面的示意图、操作流程图，以及进行交互设计，并可自动生成用于演示的网页文件和规格文件，以方便进行演示与开发。本章将带领读者一起了解 Axure RP 9 的基础知识。

本章知识点

- 掌握 Axure RP 9 的下载与安装方法
- 了解 Axure RP 9 的主要功能
- 了解 Axure RP 9 的工作界面
- 掌握自定义工作界面的方法
- 掌握使用 Axure RP 9 的帮助资源的方法

2.1 Axure RP 9 简介

Axure RP 是美国 Axure Software Solution 公司的旗舰产品，是一个专业的可快速进行产品原型设计的工具。它能帮助负责定义需求和规格、设计功能和界面的专家快速创建应用软件或 Web 网站的线框图、流程图、原型和规格说明文档。

作为专门的产品原型设计工具，它比一般的创建静态产品原型的工具，如 Visio、OmniGraffle、Illustrator、Photoshop、Dreamweaver、Visual Studio、Fireworks 更便捷、高效。Axure RP 9 的工作界面如图 2-1 所示。

Axure RP 9 为用户提供了明亮和黑暗两种工作界面外观模式，用户可以根据个人的喜好选择不同的界面外观模式。

图 2-1　Axure RP 9 的工作界面

　　默认情况下，Axure RP 9 使用明亮模式作为工作界面外观，执行"文件 > 偏好设置"命令，弹出"偏好设置"对话框，如图 2-2 所示。在"常规"选项卡中的"外观"选项下选择"黑暗模式"选项，如图 2-3 所示。

图 2-2　"偏好设置"对话框

图 2-3　选择"黑暗模式"选项

　　此时"偏好设置"对话框效果如图 2-4 所示。单击"完成"按钮，完成更改工作界面外观为黑暗模式的操作，工作界面外观效果如图 2-5 所示。

图 2-4　黑暗模式"偏好设置"对话框

图 2-5　黑暗模式工作界面外观

　　提示： 黑暗模式的工作界面外观更有利于将用户的注意力集中在原型制作上。但是为了获得更好的印刷效果、便于读者阅读，本书将采用明亮模式的工作界面外观进行讲解。

2.2 软件的下载、安装、汉化与启动

　　用户可以通过互联网下载 Axure RP 9 的安装程序和汉化包，安装并汉化后即可开始使用软件完成产品原型的设计制作。

2.2.1 下载并安装 Axure RP 9

　　在开始使用 Axure RP 9 之前，需要先将 Axure RP 9 软件安装到本地计算机中，用户可以通过官方网站下载需要版本的软件，如图 2-6 所示。

图 2-6　官方网站

> **提示：** 不建议用户从第三方下载软件，因为除了有可能会被捆绑下载很多垃圾软件外，还有可能使计算机感染病毒。由于 Axure RP 9 没有发布中文版本，用户可以通过下载汉化包实现对软件的汉化。

课堂操作——安装 Axure RP 9

扫码看视频

源文件：无	操作视频：002.mp4

步骤 01 在下载文件夹中双击 AxureRP-Setup.exe 文件，弹出 "Axure RP 9 Setup" 对话框，如图2-7所示。单击 "Next"（下一步）按钮，进入图2-8所示对话框，认真阅读协议后，勾选 "I accept the terms in the License Agreement"（我接受许可协议的条款）复选框。

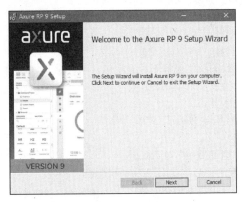

图 2-7　"Axure RP 9 Setup" 对话框

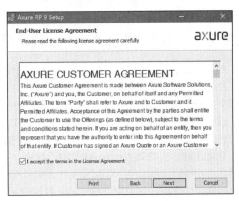

图 2-8　阅读协议并同意

步骤02 单击"Next"（下一步）按钮，进入图2-9所示对话框，设置安装地址。单击"Change..."（改变）按钮可以更改软件的安装地址。单击"Next"（下一步）按钮，进入图2-10所示对话框，准备开始安装软件。

图2-9　设置安装地址

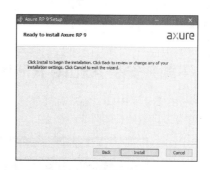
图2-10　准备开始安装软件

步骤03 单击"Install"（安装）按钮，开始安装软件，如图2-11所示。稍等片刻，单击"Finish"（完成）按钮，即可完成软件的安装，如图2-12所示。如果勾选"Launch Axure RP 9"（打开Axure RP 9）复选框，在完成软件安装后将立即启动软件。

图2-11　开始安装软件

图2-12　完成软件的安装

软件安装完成后，用户可在桌面上找到 Axure RP 9 的启动图标，如图 2-13 所示。用户也可以在"开始"菜单中找到启动选项，如图 2-14 所示。

图2-13　桌面启动图标

图2-14　"开始"菜单中的启动选项

2.2.2　汉化与启动 Axure RP 9

用户可以通过互联网获得 Axure RP 9 的汉化包，下载的汉化包解压后通常包含 1 个 lang 的文件夹和 3 个 dll 文件，如图 2-15 所示。将该文件夹及 dll 文件直接复制到 Axure RP 9 的安装目录下，重新启动软件，即可完成软件的汉化。

汉化完成后，用户可以通过双击桌面上的启动图标或单击"开始"菜单中的启动选项启动软件，启动后的工作界面如图 2-16 所示。

通常在第 1 次启动 Axure RP 9 时，系统会自动弹出"管理授权"对话框，如图 2-17 所示。要求用户输入被授权人和授权密钥，授权密钥通常在用户购买正版软件后获得。如果用户没有输入授权密钥，则软件只能使用 30 天，30 天后将无法正常使用。

lang
Client.dll
Model.dll
Platform.dll

图 2-15　汉化文件

图 2-16 汉化工作界面

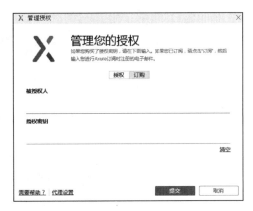

图 2-17 "管理授权"对话框

提示: 用户如果在软件启动时没有完成授权操作,可以执行"帮助 > 管理授权"命令,再次打开"管理授权"对话框,完成软件的授权操作。

2.3 Axure RP 9 的主要功能

使用 Axure RP 9,可以在不写任何一条 HTML 和 JavaScript 语句的情况下,通过创建文档以及相关条件和注释,一键生成 HTML 演示页面。具体来说用户可以使用 Axure RP 9 完成以下功能。

2.3.1 绘制网站构架图

使用 Axure RP 9 可以快速绘制树状的网站构架图,而且可以让网站构架图中的每一个页面节点直接链接到对应网页,如图 2-18 所示。

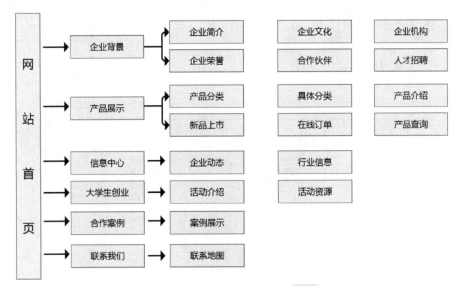

图 2-18 绘制树状网站构架图

2.3.2 绘制示意图

Axure RP 9 内建了许多会经常使用的元件,例如按钮、图片、文本、水平线和下拉列表等。使用这些元件可以轻松地绘制各种示意图,如图 2-19 所示。

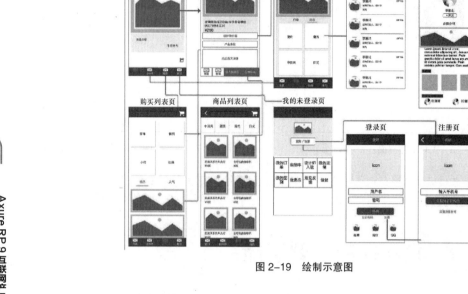

图 2-19　绘制示意图

2.3.3　绘制流程图

Axure RP 9 中提供了丰富的流程图元件，使用 Axure RP 9 用户可以很容易地绘制出流程图，并可以轻松地在流程图元件之间加入连接线并设定连接的格式，如图 2-20 所示。

2.3.4　实现交互设计

Axure RP 9 可以模拟实际操作中的交互效果。通过使用"交互编辑器"对话框中的各项动作，快速地为元件添加一个或多个事件并产生动作，包括单击时、滚动到元件等，如图 2-21 所示。

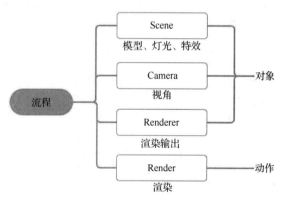

图 2-20　绘制流程图

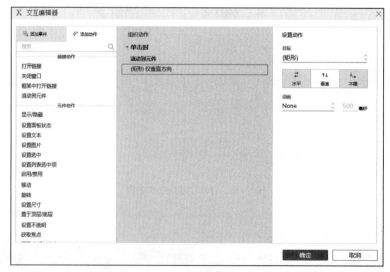

图 2-21　"交互编辑器"对话框

2.3.5　输出网站原型

Axure RP 9 可以将线框图直接输出成符合 IE 或火狐等不同浏览器的 HTML 项目。

2.3.6　输出 Word 格式的规格文件

Axure RP 9 可以输出 Word 格式的文件，文件包含了目录，网页清单，网页，附有注解的原版、注释、交互和元件特定的信息，以及结尾文件（如附录），规格文件的内容与格式也可以依据不同的阅读对象进行变更。

2.4　熟悉 Axure RP 9 的工作界面

相对于 Axure RP 8 来说，Axure RP 9 的工作界面发生了较大的变化，精简了很多区域，操作起来更简单、更直接，方便用户使用。Axure RP 9 工作界面中的各区域如图 2-22 所示。

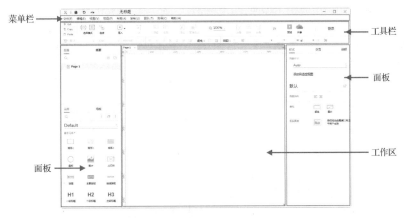

图 2-22　Axure RP 9 工作界面中的各区域

2.4.1　菜单栏

菜单栏位于工作界面的上方，按照功能划分为 9 个菜单，每个菜单中包含相应的操作命令，如图 2-23 所示。用户可以根据要执行的操作的类型在对应的菜单下选择操作命令。

文件(F)	编辑(E)	视图(V)	项目(P)	布局(A)	发布(U)	团队(T)	账号(C)	帮助(H)

图 2-23　菜单栏

1. 文件菜单
该菜单下的命令可以实现文件的基本操作，例如新建、打开、保存和打印等，如图 2-24 所示。

2. 编辑菜单
该菜单下包含软件操作过程中的一些编辑命令，例如复制、粘贴、全选和删除等，如图 2-25 所示。

图 2-24　文件菜单

图 2-25　编辑菜单

3．视图菜单

该菜单下包含与软件视图显示相关的所有命令，例如工具栏、功能区和显示背景等，如图2-26所示。

4．项目菜单

该菜单下主要包含与项目有关的命令，例如元件样式管理器、全局变量和自适应视图等，如图2-27所示。

图 2-26　视图菜单　　　　图 2-27　项目菜单

5．布局菜单

该菜单下主要包含与页面布局有关的命令，例如对齐、组合、分布和锁定等，如图2-28所示。

6．发布菜单

该菜单下主要包含与原型发布有关的命令，例如预览、预览选项和生成HTML文件等，如图2-29所示。

图 2-28　布局菜单　　　　　　图 2-29　发布菜单

7．团队菜单

该菜单下主要包含与团队协作相关的命令，例如从当前文件创建团队项目等，如图2-30所示。

8．账号菜单

该菜单下的命令可以帮助用户登录Axure的个人账号，获得Axure的专业服务，如图2-31所示。

9．帮助菜单

该菜单下主要包含与帮助有关的命令，例如在线培训、在线帮助等，如图2-32所示。

图 2-30　团队菜单　　　　图 2-31　账号菜单　　　　图 2-32　帮助菜单

2.4.2 工具栏

Axure RP 9中的工具栏由基本工具和样式工具两部分组成，如图2-33所示。下面针对每个基本工具进行简单介绍，关于每个基本工具的具体使用方法，将在本书后文详细讲解。

图2-33 工具栏

- Cut（剪切）：单击将剪切当前所选对象。
- Copy（复制）：单击将复制当前所选对象到剪贴板中。
- Paste（粘贴）：单击将剪贴板中的复制对象粘贴到页面中。
- 选择模式：有两种选择模式，分别是相交选中和包含选中。在相交选中情况下，只要选取框与对象交叉即可被选中，如图2-34所示。在包含选中情况下，只有选取框将对象全部包含时，才能被选中，如图2-35所示。

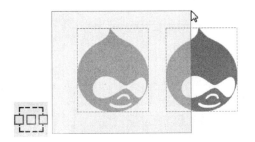

图2-34 相交选中

图2-35 包含选中

- 连接：使用该工具可以将流程图元件连接起来，形成完整的流程图，如图2-36所示。
- 插入：单击该图标右侧的向下的三角形，可以打开图2-37所示下拉列表。用户可以选择在原型中插入绘画、矩形、圆形、线段、文本、图片和形状。

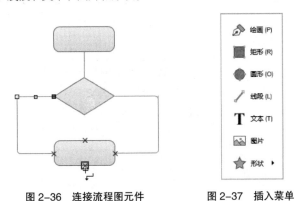

图2-36 连接流程图元件　　　　图2-37 插入菜单

- 点：使用绘画工具绘制图形，或将元件转为自定义形状后，使用该工具可以调整图形锚点，获得更多的图形效果。

> **链接：** 关于"绘画"工具的使用将在本书的4.2.7节详细讲解。关于"点"的使用将在本书的4.4.2节详细讲解。

- 顶层：当页面中同时有两个以上的元件时，可以通过单击该按钮，将选中的元件移动到其他元件顶部。

● 底层：当页面中同时有两个以上的元件时，可以通过单击该按钮，将选中的元件移动到其他元件底部。

● 组合：同时选中多个元件，单击该按钮，可以将多个元件组合成一个元件。

● 取消组合：单击该按钮可以取消组合操作，组合对象中的每一个元件将变回单个对象。

● 缩放：在此下拉列表中，用户可以选择视图的缩放比例，缩放比例范围为 10% ~ 400%，以查看不同尺寸的文件效果。

● 对齐：同时选中 2 个以上元件，可以在该选项中选择不同的对齐方式对齐元件，如图 2-38 所示。

● 分布：同时选中 3 个以上元件，可以在该选项中选择水平分布或垂直分布，如图 2-39 所示。

图 2-38　对齐方式　　　　　　　　　　图 2-39　分布方式

● 预览：单击该按钮，将自动生成 HTML 预览文件。

● 共享：单击该按钮，将弹出"发布项目"对话框，输入信息后单击"发布"按钮，会自动将项目发布到 Axure 云上，并会获得一个 Axure 提供的地址，以在不同设备上测试效果，如图 2-40 所示。

● 登录：单击该按钮，将弹出"登录"对话框，如图 2-41 所示。用户可以选择输入邮箱和密码登录或者注册一个新账号。登录后能获得更多官方的制作素材和技术支持。

图 2-40　"发布项目"对话框　　　　　图 2-41　"登录"对话框

在 Axure RP 9 的工作界面左上角，除了 Axure RP 9 的图标外，还有"保存""撤销"和"重做"3 个常用操作按钮，如图 2-42 所示。

图 2-42　操作按钮

● 保存：单击该按钮即可保存当前文档。

● 撤销：单击该按钮将撤销一步操作。

● 重做：单击该按钮将再次执行前面的操作。

2.4.3　面板

Axure RP 9 一共为用户提供了 7 个功能面板，分别是页面、概要、元件、母版、样式、交互和说明。默认情况下，这 7 个面板分为 2 组，分别排列于工作区的两侧，如图 2-43 所示。

● 页面：在该面板中可以完成有关页面的所有操作，如图 2-44 所示。例如新建页面、删除页面和查找页面等。

● 概要：该面板中主要显示当前面板中的所有元件，如图 2-45 所示。用户可以很方便地在该面板中找到元件并对其进行各种操作。

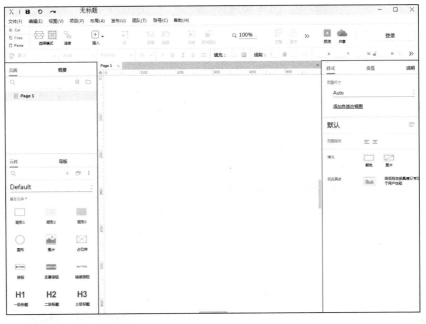

图 2-43 面板组

图 2-44 页面面板

图 2-45 概要面板

● 元件：在该面板中包含 Axure RP 9 的所有元件，如图 2-46 所示。用户还可以在该面板中完成元件库的创建、下载和载入。

● 母版：该面板用来显示页面中所有的母版文件，如图 2-47 所示。用户可以在该面板中完成各种有关母版的操作。

图 2-46 元件面板

图 2-47 母版面板

● 样式：该面板的内容会根据当前所选内容发生改变，如图 2-48 所示。大部分元件的效果样式设置都在该面板中完成。

● 交互：用户可以在该面板中为元件添加各种交互效果，如图 2-49 所示。

● 说明：在该面板中可以为元件添加说明，能帮助用户理解原型的功能，如图 2-50 所示。

图 2-48　样式面板　　　　图 2-49　交互面板　　　　图 2-50　说明面板

在面板名称上双击，即可实现面板的展开和收缩，如图 2-51 所示。这样便于在不同情况下最大化地显示某个面板，便于用户操作。拖曳面板组的边界，用户可以任意调整面板的宽度，获得个人满意的视图效果，如图 2-52 所示。

图 2-51　展开和收缩面板

图 2-52　拖曳调整面板宽度

将鼠标指针移动到面板名称处，按住鼠标左键拖曳，即可将面板转换为浮动状态，如图 2-53 所示。拖曳一个浮动面板到另一个浮动面板上，即可将两个面板合并为一个面板组，如图 2-54 所示。用户可以根据个人的操作习惯自由组合面板，以获得更易于操作的工作界面。

图 2-53　拖曳创建浮动面板

图 2-54　组合面板

单击浮动面板或面板组右上角的 × 图标，可关闭当前面板或面板组。拖曳面板或面板组顶部的灰色位置到工作界面的两侧，可将该面板或面板组转换为固定状态。

关闭后的面板如果想要再次显示，用户通过执行"视图 > 功能区"命令，在菜单中选择想要显示的面板即可，如图 2-55 所示。

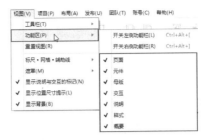

图 2-55　执行命令显示面板

用户有时会需要更大的空间显示产品原型，可以通过执行"视图 > 功能区 > 开关左侧功能栏"或"视图 > 功能区 > 开关右侧功能栏"命令，隐藏左右两侧的面板，效果如图 2-56 所示。再次执行相同的命令，则会将隐藏面板显示出来，如图 2-57 所示。

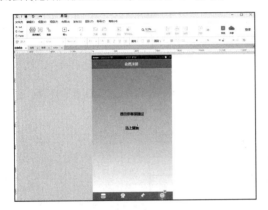

图 2-56　隐藏两侧面板

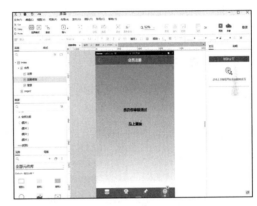

图 2-57　显示两侧面板

提示： 用户可以通过按组合键【Ctrl+Alt+[】快速开关左侧功能栏，按组合键【Ctrl+Alt+]】快速开关右侧功能栏。

2.4.4　工作区

工作区是 Axure RP 9 创建产品原型的地方。当用户新建一个页面后，在工作区的左上角将显示页面的名称，如图 2-58 所示。如果用户同时打开多个页面，则工作区将以卡片的形式将所有页面排列在一起，如图 2-59 所示。

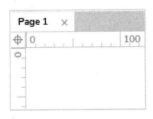

图 2-58　页面的名称

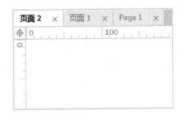

图 2-59　多个页面

提示： 单击页面名即可快速切换到当前页面。通过拖曳的方式，可以调整页面显示的顺序。单击页面名右侧的 × 图标，将关闭当前页面。

当页面过多时，用户可以单击工作区右上角的"选择与管理标签"按钮，如图 2-60 所示。在弹出的下拉列表中选择命令，执行关闭当前标签、关闭全部标签、关闭其他标签或跳转到其他页面的操作，如图 2-61 所示。

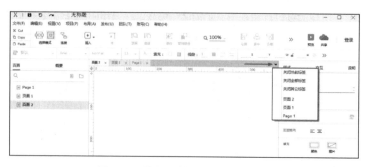

图 2-60 单击"选择与管理标签"按钮

图 2-61 下拉列表

2.5 自定义工作界面

每个用户使用的操作习惯可能不相同，Axure RP 9 为了照顾所有用户的操作习惯，允许用户根据个人喜好自定义工具栏和工作面板。

2.5.1 自定义工具栏

工具栏由基本工具和样式工具两部分组成。执行"视图＞工具栏"命令，取消对应选项的选择，即可将该工具隐藏，如图 2-62 所示。

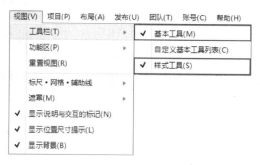

图 2-62 自定义工具栏

课堂操作——自定义基本工具列表

源文件：无	操作视频：003.mp4

扫码看视频

步骤 01 执行"视图＞工具栏＞自定义基本工具列表"命令，如图2-63所示。弹出图2-64所示对话框。

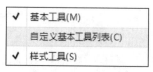

图 2-63 执行命令

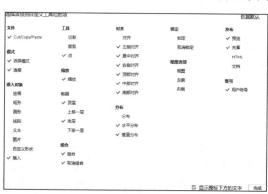

图 2-64 弹出对话框

步骤 02 对话框中显示在工具栏上的工具前面都有一个 ✔ 图标，如图2-65所示。用户可以根据个人的操作习惯，单击取消或者添加工具选项，从而自定义工具栏，如图2-66所示。

图 2-65　从工具栏上删除

图 2-66　添加到工具栏

步骤 03 取消勾选对话框底部的"显示图标下方的文本"复选框，如图2-67所示。将隐藏工具栏上图标对应的文本，单击"完成"按钮，自定义工具栏效果如图2-68所示。

图 2-67　取消图标文本显示

图 2-68　自定义工具栏效果

提示： 用户单击对话框右上角的"恢复默认"选项，即可将工具栏恢复到默认的显示状态。

2.5.2　自定义工作面板

　　用户可以通过执行"视图 > 功能区"命令，选择需要显示的面板，如图 2-69 所示。具体的操作方法已经在前文讲过，此处不再叙述。

　　用户可以通过执行"视图 > 重置视图"命令，如图 2-70 所示，将操作造成的混乱视图重置为最初的界面布局视图。重置后的视图将恢复到默认视图状态。

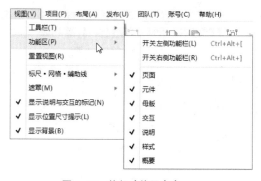

图 2-69　执行功能区命令

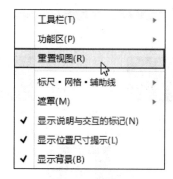

图 2-70　执行重置视图命令

2.5.3　使用单键快捷键

　　在 Axure RP 9 中，用户可以使用新增的单键快捷键更快地完成产品原型的设计与制作。首先按键盘上的一个字母键，然后在工作区单击并拖，即可生成相应类型的小部件。

Axure RP 9 中支持的单键快捷键如图 2-71 所示。按【T】键，在工作区中单击，直接输入文本，效果如图 2-72 所示。

图 2-71　单键快捷键

图 2-72　输入文字

执行"文件 > 偏好设置"命令，弹出"偏好设置"对话框，如图 2-73 所示。切换到"画布"选项卡，可以选择取消勾选"启用单键快捷键"复选框，如图 2-74 所示。关闭该功能后，选中元件时输入文本，即可在该元件上快速添加文本。

图 2-73　弹出"偏好设置"对话框

图 2-74　取消勾选"启用单键快捷键"复选框

2.6　使用 Axure RP 9 的帮助资源

用户在使用 Axure RP 9 软件的过程中，如果遇到问题，可以通过"帮助"菜单寻求解答，如图 2-75 所示。

初学者可以执行"帮助 > 在线培训"命令，进入 Axure RP 9 的教学频道，跟着网站视频学习软件的使用方法，在线培训页面如图 2-76 所示。

执行"帮助 > 在线帮助"命令可解决一些操作中遇到的问题，在线帮助页面如图 2-77 所示。执行"帮助 > 官方论坛"命令可以快速加入 Axure 大家庭，与世界各地的 Axure 用户分享软件使用的心得。

图 2-75　帮助菜单

图 2-76　在线培训页面

图 2-77　在线帮助页面

用户在使用软件的过程中如果遇到一些软件错误，或者想提出一些建议，可以执行"帮助 > 提交反馈"命令，在"提交反馈"对话框中输入相关信息，如图 2-78 所示。将意见和错误发送给软件开发者，以共同提高软件的稳定性和安全性。

执行"帮助>欢迎界面"命令，可以再次打开"欢迎使用 Axure RP 9"对话框，方便用户快速创建和打开文件，如图 2-79 所示。

图 2-78 "提交反馈"对话框

图 2-79 "欢迎使用 Axure RP 9"对话框

2.7 本章小结

本章带领读者了解了 Axure RP 9 的基础知识。主要讲解了软件的下载、安装方法及其主要功能，还针对 Axure RP 9 的工作界面进行了深度的剖析。在帮助读者了解和熟悉工作界面的同时，也针对优化和自定义工作界面进行了详细的介绍，为后面内容的学习打下基础。

2.8 课后练习——自定义草图工作区

使用 Axure RP 9 可以完成草图、流程图和原型的设计制作。制作不同的内容使用软件功能的重点不同，读者可以根据制作的需求自定义工作区，以提高工作效率。接下来完成自定义草图工作区的操作。

步骤 01 启动 Axure RP 9 软件，如图 2-80 所示。

步骤 02 执行"视图>功能区"命令，如图 2-81 所示。

扫码看视频

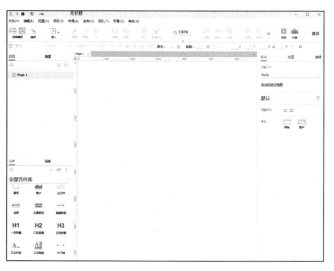

图 2-80 启动软件

图 2-81 执行命令

步骤 03 根据设计制作草图的需求，取消"母版""交互""说明"选项的选择，如图 2-82 所示。

步骤 04 完成自定义工作区的操作，如图 2-83 所示。将没有使用的面板隐藏，更有利于草图的设计制作。

开关左侧功能栏(L)　　　　Ctrl+Alt+[	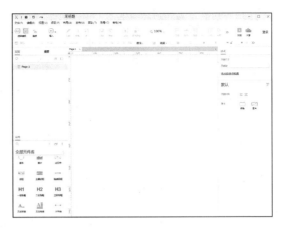
开关右侧功能栏(R)　　　　Ctrl+Alt+]	
✓　页面	
✓　元件	
母版	
交互	
说明	
✓　样式	
✓　概要	

图 2-82　取消选项的选择　　　　　　　　　　　图 2-83　完成自定义工作区操作

2.9　课后测试

完成本章内容的学习后，通过几道课后习题测验读者对 Axure RP 9 相关知识的学习效果，同时加深读者对所学知识的理解。

2.9.1　选择题

1. 下列选项中不属于 Axure RP 9 内建元件的是（　　　）。
A. 按钮
B. 图片
C. 导航
D. 下拉列表
2. Axure RP 9 的菜单栏按照功能划分为（　　　）个菜单。
A. 5
B. 9
C. 3
D. 6
3. 下列选项中能够进入 Axure RP 9 的教学频道，跟着网站视频学习软件的使用方法的是（　　　）。
A. 官方论坛
B. 检查更新
C. 在线帮助
D. 在线培训

2.9.2　填空题

1. Axure RP 9 中的工具栏由＿＿＿＿＿和＿＿＿＿＿两部分组成。
2. Axure RP 9 有两种选择模式，分别是＿＿＿＿＿和＿＿＿＿＿。
3. Axure RP 9 一共为用户提供了 7 个功能面板，分别是＿＿＿＿＿、＿＿＿＿＿、＿＿＿＿＿、＿＿＿＿＿、＿＿＿＿＿和＿＿＿＿＿。
4. 用户同时打开多个页面，则工作区将以＿＿＿＿＿的形式将所有页面排列在一起。
5. 用户可以选择执行"＿＿＿＿＿"命令，将操作造成的混乱视图重置为最初的界面布局。

2.9.3　操作题

下载安装并启动 Axure RP 9 软件，完成工作界面工具栏和面板的自定义操作。

第3章
页面管理与自适应视图

在开始原型设计学习之前，用户要先了解页面的基本管理和设置。本书对页面所提供的各种辅助工具进行了讲解，能帮助读者创建出符合规范的站点，同时能帮助读者深刻理解自适应视图设置在网页输出时的必要性，为设计制作辅助的互联网模型打下基础。

本章知识点

- 掌握新建和设置文件的操作方法
- 掌握页面管理的操作方法
- 掌握辅助线的创建与管理方法
- 掌握页面设置的各项操作方法
- 理解自适应视图的原理
- 完成自适应视图的设置

3.1 使用欢迎界面

在启动 Axure RP 9 时，会自动弹出"欢迎使用 Axure RP 9"界面，如图 3-1 所示。用户可以通过单击该界面右下角的"新建文件"按钮，新建一个 Axure 文件；单击"打开文件"按钮，打开 .RP 格式的文件，在 Axure RP 9 中进行编辑修改。

英文版的 Axure RP 9 中欢迎界面的左下角包含"What's New in Axure RP 9""Forum"和"Learn and Support"3 个链接。

图 3-1 "欢迎使用 Axure RP 9"界面

用户单击"What's New in Axure RP 9"链接可以进入官网关于 Axure RP 9 新增功能的页面，如图 3-2 所示；单击"Forum"链接可以访问 Axure 的论坛，与全世界的 Axure 用户交流、学习制作心得，如图 3-3 所示；单击"Learn and Support"链接可以进入 Axure 官网获得学习资料和资源。

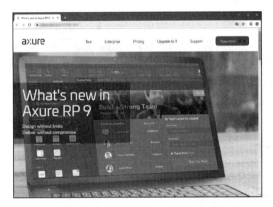

图 3-2 Axure RP 9 新增功能页面

图 3-3 Axure 论坛

汉化后的 Axure RP 9 欢迎界面将左下角的 3 个链接更改为"新的功能""汉化下载""中文教材"。用户可以根据个人的需求单击链接访问对应的内容。

提示： 由于目前的汉化包大多由第三方开发供用户免费使用，所以开发人员会在汉化程序中修改链接地址以达到推广的目的。

单击界面右侧顶部"打开导览文件"选项，如图 3-4 所示。即可打开 Axure 官方提供的使用说明文件。界面右侧中部显示了最近编辑的 10 个文件，用户单击即可快速打开最近编辑的文件，如图 3-5 所示。

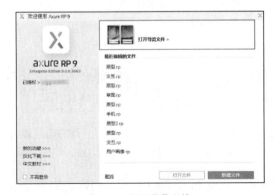

图 3-4 打开导览文件

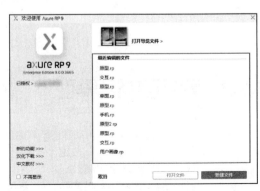

图 3-5 最近编辑的文件

提示： 单击界面底部的"取消"选项，将关闭欢迎界面。勾选界面左下角的"不再显示"复选框后，下次启动 Axure RP 9 时，将不会显示欢迎界面。执行"帮助＞欢迎界面"命令，即可再次打开该界面。

3.2 新建和设置 Axure 文件

在开始设计制作产品原型之前，要新建一个 Axure 文件，确定原型的内容和应用领域，以保证最终完成内容的准确性。不了解清楚产品原型用途就贸然开始制作，既浪费时间又会造成不可预估的损失。

除了通过欢迎界面新建文件外，用户也可以通过执行"文件＞新建"命令新建文件，如图 3-6 所示。

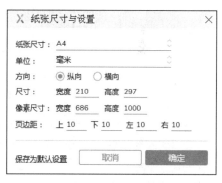

图 3-6 新建文件

3.2.1 纸张尺寸与设置

执行"文件＞纸张尺寸与设置"命令，打开"纸张尺寸与设置"对话框，如图 3-7 所示。用户可以在该对话框中方便、快捷地设置文件的尺寸和属性。

● 纸张尺寸：用户可以从下拉列表中选择预设的纸张尺寸，也可以通过选择"Custom"（自定义）选项，手动输入需要的纸张尺寸，如图 3-8 所示。

● 单位：选择英寸或毫米等作为宽、高和页边距使用的测量单位。

● 方向：选择纵向或横向的纸张朝向。

● 尺寸：显示新建文件的尺寸，可输入自定义的纸张宽度和高度数值。

● 像素尺寸：指定每个打印纸张像素尺寸。

● 页边距：指定纸张上、下、左、右方向上的外边距值，如图 3-9 所示。

● 保存为默认设置：将当前尺寸设置为默认尺寸，下次新建文件时自动显示。

图 3-7 "纸张尺寸与设置"对话框

图 3-8 选择纸张尺寸

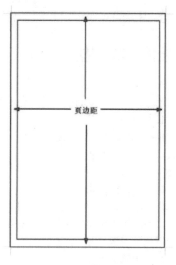

图 3-9 设置页边距

提示： 像素尺寸将自动保持宽高比，其宽高比将适配为打印纸张像素尺寸减去页边距后的宽高比。

3.2.2　文件存储

执行"文件 > 保存"命令，弹出"另存为"对话框，输入文件名、选择保存类型后，单击"保存"按钮，即可保存文件，如图 3-10 所示。

图 3-10　"另存为"对话框

> **提示：** 在制作原型的过程中，一定要做到经常保存，避免由于系统错误或软件错误导致软件关闭造成不必要的损失。

当前文件保存后，再次执行"文件 > 另存为"命令，也会弹出"另存为"对话框，如图 3-11 所示。执行此命令通常是为了获得文件的副本，或者打开一个新的文件。

> **小技巧：** 用户可以单击工作界面左上角的"保存"按钮或者按组合键【Ctrl+S】保存文件，按组合键【Ctrl+Shift+S】则实现另存为操作。

图 3-11　"文件 > 另存为"命令

3.2.3　存储格式

Axure RP 9 支持 RP 格式、RPPRJ 格式、RPLIB 格式和 UBX 格式 4 种文件格式。不同的文件格式的使用方式不同，下面逐一进行介绍。

1. RP 格式

RP 格式文件是用户使用 Axure 进行产品原型设计时创建的单独的文件，是 Axure 的默认存储文件格式。以 RP 格式保存的原型文件，是作为一个单独文件存储在本地硬盘上的。这种 Axure 文件与其他应用文件，如 Excel、Visio 和 Word 文件形式完全相同，RP 格式的文件图标如图 3-12 所示。

2. RPPRJ 格式

RPPRJ 格式文件是指团队协作的项目文件，通常用于团队中多人协作处理同一个较为复杂的项目。不过，用户个人制作复杂的项目时也可以选择使用团队项目，因为团队项目允许用户随时查看并恢复到项目的任意历史版本。

3. RPLIB 格式

RPLIB 格式文件是指自定义元件库文件，该文件格式用于创建自定义的元件库。用户可以在互联网上下载 Axure 的元件库文件使用，也可以自己制作自定义元件库并将其分享给其他成员使用，RPLIB 格式的文件图标如图 3-13 所示。关于元件库的使用，将在本书的第 4 章中详细介绍。

图 3-12 RP 格式的文件图标   图 3-13 RPLIB 格式的文件图标

4. UBX 格式

该文件格式是 Axure RP 9 中新增支持的格式。UBX 格式是一款 Ubiquity 浏览器插件的存储格式。它能够帮助用户将所能构想到的互联网服务聚合至浏览器中，并应用于页面信息的切割。通过内容的切割技术从反馈网页中提取部分信息，让用户直接通过拖曳的方式将信息内容嵌入可视化编辑框中，从而大大提高用户的效率。

3.2.4 启动和恢复自动备份

为了保证用户不会因为计算机死机或软件崩溃等问题未存盘而造成不必要的损失，Axure RP 9 为用户提供了自动备份的功能。该功能与 Word 中的自动保存功能一样，会按照用户设定的时间自动保存文档。

课堂操作——设置自动备份

源文件：无	操作视频：004.mp4

步骤 01 执行"文件＞自动备份设置"命令，弹出"偏好设置"对话框，如图3-14所示。勾选"启用备份"复选框，即可启动自动备份功能，如图3-15所示。在"备份间隔"的文本框中输入希望间隔保存的时间即可。

图 3-14 执行命令   图 3-15 启动自动备份功能

步骤 02 如果出现意外，需要恢复自动备份时的数据，可以执行"文件＞从备份中恢复"命令，如图3-16所示。在弹出的"从备份中恢复文件"对话框中设置文件恢复的时间点，如图3-17所示。选择自动备份日期后，单击"恢复"按钮，即可完成文件的恢复操作。

图 3-16　执行命令　　　　　　　图 3-17　"从备份中恢复文件"对话框

3.3　页面管理

新建 Axure RP 9 文件后，用户可以在"页面"面板中查看和管理新建的页面，如图 3-18 所示。

每个页面都有一个名字，为了便于管理，用户可以对页面进行重命名操作。在页面选中状态下单击页面名称处，即可重命名页面，如图 3-19 所示。

图 3-18　"页面"面板　　　　　　　图 3-19　重命名页面

在想要重命名的页面上右击，在弹出的快捷菜单中选择"重命名"命令，也可以完成对页面重新设置名称的操作。

> **提示：** 在为页面命名时，每一个名字应该都是独一无二的，而且页面的名字应可以清晰地说明每个页面的内容，这样产品原型才更容易被理解。

3.3.1　添加和删除页面

如果用户需要添加页面，可以单击"页面"面板右上角的"添加页面"按钮，如图 3-20 所示，完成页面的添加。添加页面的效果如图 3-21 所示。

图 3-20　"添加页面"按钮　　　　　　　图 3-21　添加页面的效果

为了方便进行页面管理，通常将同类型的页面放在一个文件夹下。单击"页面"面板右上角的"添加文件夹"按钮，如图 3-22 所示，即可完成文件夹的添加。添加文件夹的效果如图 3-23 所示。

图 3-22 "添加文件夹"按钮

图 3-23 添加文件夹的效果

用户如果希望在特定的位置添加页面或文件夹，首先在"页面"面板中选择一个页面，然后右击，在弹出的快捷菜单中选择"添加"命令，如图 3-24 所示，即可完成添加。

图 3-24 "添加"命令

"添加"下包含"文件夹""上方添加页面""下方添加页面""子页面" 4 个命令。接下来逐一讲解每条命令。

● 文件夹：将在当前文件下创建一个文件夹。
● 上方添加页面：将在当前页面之前创建一个页面。
● 下方添加页面：将在当前页面之后创建一个页面。
● 子页面：将为当前页面创建一个子页面。

用户如果想要删除某个页面，可以首先选择想要删除的页面，然后按【Delete】键完成删除操作；也可以在页面上右击，在弹出的快捷菜单中选择"删除"命令，完成删除操作，如图 3-25 所示。

如果当前删除页面中包含子页面，则在删除该页面时，系统会自动弹出"警告"对话框，以确定是否删除当前页面及其子页面，如图 3-26 所示。单击"是"按钮则删除当前页面及其所有子页面，单击"否"按钮则取消删除操作。

图 3-25 "删除"命令

图 3-26 "警告"对话框

3.3.2 移动页面

用户如果想移动页面的顺序或更改页面的级别，可以首先在"页面"面板上选择需要更改的页面，然后右击，在弹出的快捷菜单中选择"移动"命令下的命令，如图 3-27 所示。

图 3-27 "移动"命令

- 上移：将当前页面向上移动一层。
- 下移：将当前页面向下移动一层。
- 降级：将当前页面转换为子页面。
- 升级：将当前子页面转换为独立页面。

提示： 除了可以使用"移动"命令外，用户还可以采用按住鼠标左键拖曳的方式移动页面的顺序或更改页面的级别。

3.3.3 搜索页面

一个产品原型项目的页面少则几个，多则几十个，为了方便用户在众多页面中查找某一个页面，Axure RP 9 为用户提供了搜索功能。

单击"页面"面板左上角的"搜索"按钮，在页面顶部出现搜索文本框，如图 3-28 所示。输入要搜索的页面名称后，即可显示搜索到的页面，如图 3-29 所示。

图 3-28 单击"搜索"按钮

图 3-29 搜索页面

单击搜索文本框右侧的 ✖ 图标，将还原搜索文本框。再次单击"搜索"按钮，将取消搜索，"页面"面板将恢复默认状态。

3.3.4 剪切、复制和粘贴页面

用户可以在页面上右击，在弹出的快捷菜单中选择"剪切"命令，即可将页面剪切至内存中，如图 3-30 所示。选择"复制"命令，即可将页面复制至内存中，如图 3-31 所示。

图 3-30 "剪切"命令　　　　图 3-31 "复制"命令

选择想要将页面放置的位置，右击，在弹出的快捷菜单中选择"粘贴"命令，如图 3-32 所示，即可将剪切或复制的内容粘贴到此位置。粘贴页面效果如图 3-33 所示。

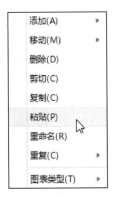

图 3-32 "粘贴"命令　　　　图 3-33　粘贴页面效果

3.3.5　重复页面

原型项目中有一些页面结构基本一致，只是图片或文字内容不同，用户可以通过复制页面并修改内容完成制作。在需要复制的页面上右击，在弹出的快捷菜单中选择"重复＞页面"命令，即可为当前页面创建一个副本，如图 3-34 所示。

如果想要将页面及其子页面一起复制，则需要选择"重复＞分支"命令，效果如图 3-35 所示。

图 3-34 "重复＞页面"命令　　　　图 3-35 "重复＞分支"命令

提示："重复"命令相当于一次性执行了复制、粘贴命令。其最终效果与复制页面后粘贴页面的操作效果相同。

3.4 页面设置

新建页面后，用户在"页面"面板中双击想要编辑的页面，即可进入页面编辑状态。默认状态下，页面显示为背景色为白色的空白页面。用户可以通过"样式"面板完成页面的设置工作。

用户可以在"样式"面板中对页面尺寸、页面排列、填充和低保真度等属性进行设置，如图 3–36 所示。

图 3–36 "样式"面板

3.4.1 页面尺寸

默认情况下，"页面尺寸"设置为"Auto"（自动），单击右侧的 ⬍ 图标，用户可以在弹出的下拉列表中选择预设的移动设备页面尺寸，如图 3–37 所示。选择"Web"（网页）选项，用户可以在文本框中手动设置页面的宽度，如图 3–38 所示。选择"自定义设备"选项，用户可以在文本框中手动设置页面的宽度和高度，如图 3–39 所示。

图 3–37 设置 Auto

图 3–38 设置 Web

图 3–39 设置自定义设备

提示：单击"自定义设备"选项下宽度和高度文本框后面的 ⬄ 图标，可以实现交互宽度和高度数值的操作。

3.4.2 页面排列

在选择"Auto"（自动）和"Web"（网页）选项时，用户可以在"样式"面板中设置"页面排列"的方式，有左侧对齐和居中对齐两种方式，如图 3–40 所示。

页面制作完成后，单击工作界面右上角的"预览"按钮，对比两种对齐方式的效果，如图 3–41 所示。

图 3–40 设置页面排列

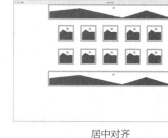

左侧对齐　　　　　　　　　　　居中对齐

图 3–41 页面排列的对齐方式

3.4.3 页面填充

为了实现更丰富的页面效果,用户可以为页面设置"颜色"填充和"图片"填充,如图3-42所示。单击"颜色"图标,弹出拾色器面板,如图3-43所示。用户可以选择任意一种颜色作为页面的背景色。

图 3-42　设置填充　　　　图 3-43　拾色器面板

提示: 页面背景颜色目前只支持纯色填充,不支持线性渐变和径向渐变填充。

单击"图片"图标,弹出图3-44所示的面板。单击"选择"按钮,选择一张图片作为页面的背景,如图3-45所示。单击图片缩略图右上角的 ✖ 图标,即可清除页面中的图片背景,如图3-46所示。

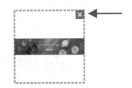

图 3-44　设置图片填充　　　图 3-45　图片填充效果　　　图 3-46　清除图片背景

默认情况下,图片填充的范围为 Axure RP 9 的整个工作区,如图3-47所示。填充方式为"不重复",单击右侧的重复背景图片 ○ 图标,可以在弹出的下拉列表中选择其他的填充方式,如图3-48所示。

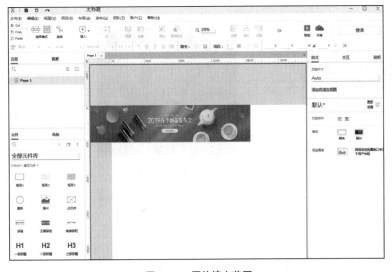

图 3-47　图片填充范围　　　　　　　　　图 3-48　填充方式

- 不重复:图片将作为背景显示在工作区内。
- 重复图片:图片在水平和垂直两个方向上重复,覆盖整个工作区,如图3-49所示。
- 水平重复:图片在水平方向上重复,如图3-50所示。

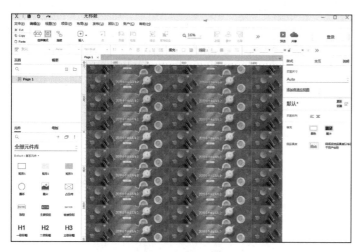

图 3-49 重复图片

图 3-50 水平重复

● 垂直重复：图片在垂直方向上重复，如图 3-51 所示。
● 填充：图片等比例缩放填充整个页面，如图 3-52 所示。

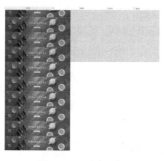

图 3-51 垂直重复

图 3-52 填充

● 适应：图片等比例缩放置于工作区，如图 3-53 所示。
● 拉伸：图片自动缩放填充整个工作区，如图 3-54 所示。

图 3-53 适应

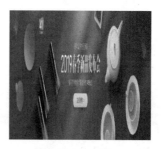

图 3-54 拉伸

用户通过单击"对齐"选项的 9 个方框，可以将背景图片显示在页面的左上、顶部、右上、左侧、居中、右侧、左下、底部和右下位置，图 3-55 所示为将背景图片放置在右下位置。

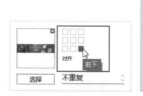

图 3-55 背景图片放置在右下位置

3.4.4　低保真度

一个完整的项目原型，通常包含很多的图片和文本素材。为了获得好的预览效果，很多图片采用了较高分辨率的图片素材，而过多的素材会影响整个项目原型的制作流畅度。Axure RP 9 为用户提供了低保真度模式，以解决由于制作内容过多造成的制作过程中出现卡顿的问题。

单击"样式"面板中"低保真度"选项后面的图标，即可进入低保真度模式。页面中的图片素材将以灰度模式显示，英文文本将替换为手写字体形式，如图 3-56 所示。

图 3-56　低保真度模式

课堂操作——新建 iOS 系统页面

扫码看视频

源文件： 3-4-1.rp	**操作视频：** 005.mp4

步骤 01 启动 Axure RP 9，单击选择"样式"面板"页面尺寸"下拉列表中的"iPhone 8（375×667）"选项，如图3-57所示。新建页面效果如图3-58所示。

图 3-57　选择页面尺寸

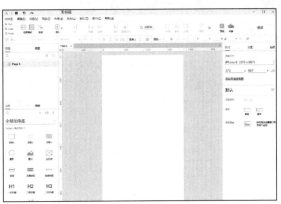

图 3-58　新建页面效果

步骤 02 单击"样式"面板"填充"选项右侧的"颜色"图标，在弹出的拾色器面板中选择图3-59所示的颜色。填充背景颜色效果如图3-60所示。

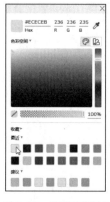

图 3-59　设置背景颜色

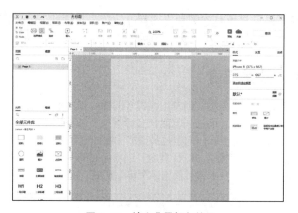

图 3-60　填充背景颜色效果

步骤 03 单击"图片"图标，在弹出的面板中单击"选择"按钮，选择"素材\第3章\301.png"文件，选择填充方式为"适应"，如图3-61所示。填充背景图片效果如图3-62所示。

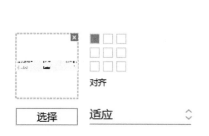

图 3-61　选择填充方式

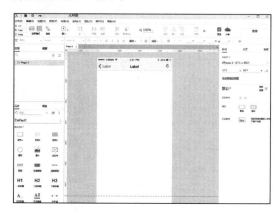

图 3-62　填充背景图片效果

3.4.5　页面样式

一个项目原型中通常包含多个页面，如果对每一个页面都单独设置尺寸、排列和填充等属性，将会浪费大量的时间。将页面的共同属性设置为样式并应用到所有页面中，可以很好地解决这个问题。

课堂操作——创建并应用页面样式

扫码看视频

源文件：3-4-5.rp	操作视频：006.mp4

步骤 01 用户可以在"样式"面板中创建并应用样式，如图3-63所示。单击"默认"选项后面的"页面样式管理"按钮 📝，弹出"页面样式管理"对话框，如图3-64所示。

图 3-63　创建并应用样式

图 3-64　"页面样式管理"对话框

步骤02 用户可以根据项目中页面的类型创建不同的样式。单击"页面样式管理"对话框顶部的"添加"选项，即可创建一个页面样式，如图3-65所示。用户可以在"页面样式管理"对话框右侧选择设置页面的不同样式，如图3-66所示。

图 3-65 创建不同的样式

图 3-66 创建页面样式

步骤03 单击"确定"按钮，即可完成页面样式的创建。在"页面"面板中新建一个页面，单击"样式"面板上的"默认"选项，在弹出的下拉列表中选择刚刚创建的样式，如图3-67所示。样式应用页面效果如图3-68所示。

图 3-67 选择样式

图 3-68 样式应用页面效果

用户可以在"页面样式管理"对话框中对页面样式进行复制、上移、下移和删除操作，如图3-69所示。

图 3-69 对页面样式进行操作

> **提示：** 单击"页面样式管理"对话框顶部的"复制"选项将会复制选中的页面样式，修改后会获得一个新的页面样式。单击"复制"按钮，会将当前打开页面的样式复制到"页面样式管理"对话框的右侧。

3.4.6 页面说明

用户可以在"说明"面板中为页面或页面中的元件添加说明,方便其他用户理解和修改,如图3-70所示。

用户可以直接在"页面概述"下方的文本框中输入说明内容,如图3-71所示。单击右侧的 **Aa** 图标,弹出格式化文本参数,用户可以设置说明文字的字体、加粗、斜体、下画线、文本颜色和项目符号等参数,如图3-72所示。

图 3-70 "说明"面板　　　　图 3-71 输入说明内容　　　　图 3-72 格式化文本参数

如果需要有多个说明,可以单击页面名称右侧的 图标,弹出"说明字段设置"对话框,如图3-73所示。单击"添加"选项即可添加一个页面说明,如图3-74所示。

图 3-73 "说明字段设置"对话框　　　　　图 3-74 添加页面说明

单击"完成"按钮,即可在"说明"面板上添加页面说明,如图3-75所示。当页面同时有多个说明时,用户可以在"说明字段设置"对话框中完成对说明的上移、下移和删除操作,如图3-76所示。

图 3-75 新添加页面说明　　　　图 3-76 上移、下移和删除说明

单击"说明"面板中的"指定元件"选项,在弹出的下拉列表中选择要添加说明的元件,即可在下面的文本框中为元件添加说明,如图3-77所示。添加说明后的元件的右上角将显示序列数字,该数字与"说明"面板中显示的数字一致,如图3-78所示。

图 3-77 添加说明　　　　图 3-78 显示序列数字

单击 ⬭ 图标，弹出图 3-79 所示的下拉列表。用户可以根据元件的使用情况，选择是否显示元件文字和交互内容，如图 3-80 所示。

为元件添加说明后，单击该元件，将自动在"说明"面板中显示说明内容，如图 3-81 所示。

图 3-79　下拉列表　　　图 3-80　显示元件文字和交互内容　　　图 3-81　元件说明

3.5　设置自适应视图

早期的输出终端只有显示器，而且显示器屏幕的分辨率基本是一种或者两种，用户只需基于某个特定的尺寸进行设计就可以了。

随着移动技术的快速发展，越来越多的移动终端设备出现了，例如智能手机、平板电脑等。这些设备的屏幕尺寸多种多样，而且由于品牌不同，其显示屏幕的尺寸也不相同，这给移动设计师的设计工作带来了更多的难题。

为了使一个为特定屏幕尺寸设计的页面能够适合所有屏幕尺寸的终端，需要对之前所有的页面进行重新设计，还要顾及兼容性的问题和投入大量的人力、物力，而且后续要对所有不同屏幕的多个页面进行同步维护，这是极大的挑战。

图 3-82 所示为苹果手机和华为手机的屏幕尺寸对比。

苹果手机　　　　　　　　　　华为手机

图 3-82　屏幕尺寸对比

为了满足页面原型在不同尺寸终端屏幕上都能正常显示的需要，Axure RP 9 为用户提供了自适应视图功能。用户可以在自适应视图中定义多个屏幕尺寸，当在不同屏幕尺寸上浏览时，页面的样式或布局会自动发生变化。

提示： 自适应视图中最重要的概念是集成，因为它在很大程度上解决了维护多个页面的效率问题。其中，每个页面都会为了一个特定尺寸屏幕而做优化设计。

自适应视图中的元件会从父视图中集成样式（如位置、大小）。如果修改了父视图中的按钮颜色，所有的子视图中的按钮颜色会随之改变。但如果改变了子视图中的按钮颜色，父视图中的按钮颜色不会改变。

单击"样式"面板中的"添加自适应视图"选项，如图 3-83 所示。弹出"自适应视图"对话框，如图 3-84 所示。

图 3-83　添加自适应视图

图 3-84　"自适应视图"对话框

"自适应视图"对话框中默认包含一个基本的适配选项，通过它可以设置最基础的适配尺寸。

单击"预设"选项后面的⌄图标，用户可以在弹出的下拉列表中选择系统提供的预设尺寸，如图 3-85 所示。选择"iPhone 8（375×667）"选项，"自适应视图"对话框如图 3-86 所示。

图 3-85　预设下拉列表

图 3-86　"自适应视图"对话框

提示： 如果用户在预设下拉菜单中无法找到想要的尺寸，可以直接在下面的"宽度"和"高度"文本框中输入数值。

单击"自适应视图"对话框左上角的"添加"选项，即可添加一种新视图，新视图的各项参数可以在"自适应视图"对话框的右侧添加，如图 3-87 所示。在设置相似视图时，可以先单击"复制"选项复制选中的选项，然后通过修改数值得到想要的项目，"继承"文本框将显示当前适配选项的来源，如图 3-88 所示。

图 3-87　"自适应视图"对话框

图 3-88　复制选项

课堂操作——设置自适应视图

源文件： 3-4-5.rp　　　**操作视频：** 007.mp4

步骤 01 使用各种元件创建图3-89所示的页面效果。单击"样式"面板中的"添加自适应视图"选项，单击弹出的"自适应视图"对话框中的"添加"，在"预设"下拉列表中选择"iPhone 11 Pro/XR/XS Max（414×896）"，如图3-90所示。

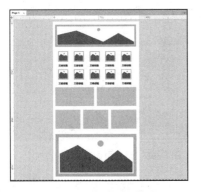

图 3-89　创建页面效果

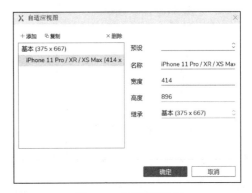

图 3-90　选择预设选项

步骤 02　再次单击"添加"，在"预设"下拉列表中选择"iPad 4（768×1024）"，如图3-91所示。单击"确定"按钮，页面效果如图3-92所示。

图 3-91　选择预设选项

图 3-92　添加自适应视图的页面效果

提示： 通常情况下会考虑网页、手机纵、手机横、平板纵和平板横 5 种情况，以保证原型在大多数终端可以正常显示。

步骤 03　单击工作区顶部的"iPhone 11 Pro/XR/XS Max（414×896）"，页面效果如图3-93所示。取消勾选"影响所有视图"复选框，调整元件的大小和分布，页面效果如图3-94所示。

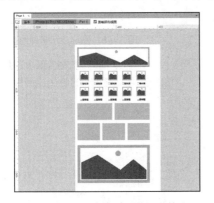

图 3-93　单击顶部选项的页面效果

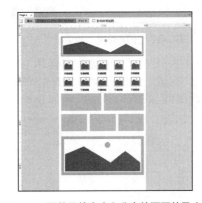

图 3-94　调整元件大小和分布的页面效果（1）

步骤 04　单击工作区顶部的"iPad 4（768×1024）"，调整元件的大小和分布，页面效果如图3-95所示。

步骤 05　单击工具栏上的"预览"按钮，在浏览器中浏览页面。单击浏览器左上角的"iPad4（768×1024）"选项，在下拉列表中选择不同的页面设置选项，预览页面效果，如图3-96所示。

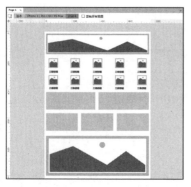

图 3-95　调整元件大小和分布的页面效果（2）

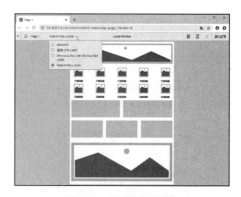

图 3-96　预览页面效果

提示： 在修改不同视图尺寸中的对象显示效果时，如果勾选了"影响所有视图"复选框，则修改对象时会影响全部的视图效果。

3.6　使用辅助线和网格

为了方便用户设计制作产品原型，Axure RP 9 为用户提供了标尺、辅助线和网格等辅助工具。合理使用这些工具，用户可以以及时、准确地完成产品原型设计工作。

执行"视图>标尺·网格·辅助线>辅助线设置"命令或在页面中右击，在弹出的快捷菜单中选择"标尺·网格·辅助线>辅助线设置"命令，弹出"偏好设置"对话框，如图 3-97 所示。

在默认情况下，辅助线显示在页面的顶层，勾选"底层显示辅助线"复选框，辅助线将显示在页面的底层，如图 3-98 所示。

图 3-97　"偏好设置"对话框

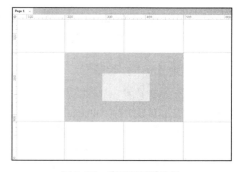

图 3-98　底层显示辅助线

勾选"始终在标尺中显示位置"复选框，工作界面的标尺上将自动显示辅助线的坐标，如图 3-99 所示。用户可以根据需求在"样式"选项下设置 4 种辅助线的颜色。单击色块，在弹出的拾色器面板中选择颜色，即可完成辅助线颜色的修改，如图 3-100 所示。

图 3-99　标尺中显示位置

图 3-100　修改辅助线颜色

3.6.1　辅助线的分类

在 Axure RP 9 中，按照辅助线功能的不同可将辅助线分为全局辅助线、页面辅助线、页面尺寸辅助线和打印辅助线。

1. 全局辅助线

全局辅助线作用于站点中的所有页面，包括新建页面。将鼠标指针移动到标尺上，按【Ctrl】键的同时按住鼠标左键向外拖曳，即可创建全局辅助线。在默认情况下，全局辅助线为红紫色，如图 3-101 所示。

2. 页面辅助线

将鼠标指针移动到标尺上，按住鼠标左键向外拖曳创建的辅助线，称为页面辅助线。页面辅助线只用于当前页面，在默认情况下，页面辅助线为青色，如图 3-102 所示。

图 3-101　全局辅助线

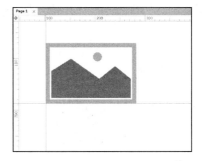

图 3-102　页面辅助线

3. 页面尺寸辅助线

新建页面时，用户在"样式"面板中选择预设选项或输入数值后，页面高度位置将会出现一条虚线，这就是页面尺寸辅助线，如图 3-103 所示。页面尺寸辅助线主要用于帮助用户了解页面第一屏的范围。

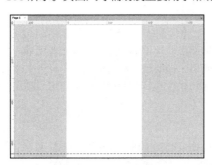

图 3-103　页面尺寸辅助线

4. 打印辅助线

打印辅助线能方便用户准确地观察页面效果，以便正确打印页面。当用户设置了纸张尺寸后，页面中会显示打印辅助线。

在默认情况下，打印辅助线为隐藏状态，执行"视图 > 标尺·网格·辅助线 > 显示打印辅助线"命令，如图 3-104 所示，即可将打印辅助线显示在页面中。在默认情况下，打印辅助线为灰色，如图 3-105 所示。

图 3-104　显示打印辅助线

图 3-105　打印辅助线效果

3.6.2 编辑辅助线

创建辅助线后，用户可以根据需求完成移动辅助线、删除辅助线和锁定辅助线的编辑操作。

1. 移动辅助线

将鼠标指针移动到辅助线上，当鼠标指针变成 ✛ 时，按住鼠标左键拖曳，即可实现移动辅助线。需要注意的是，打印辅助线只能通过重新设置改变位置，不能通过直接拖曳实现移动。

2. 删除辅助线

用户可以单击或拖曳选中要删除的辅助线进行，再按【Delete】键，将选中的辅助线删除；也可以直接选中辅助线将其拖曳到标尺上进行删除。

执行"视图 > 标尺·网格·辅助线 > 删除全部辅助线"命令，如图 3-106 所示。或在页面中右击，在弹出的快捷菜单中执行"标尺·网格·辅助线 > 删除全部辅助线"命令，将页面中所有的辅助线删除，如图 3-107 所示。

图 3-106 执行命令　　图 3-107 执行快捷菜单命令

> **小技巧：** 用户可以在想要删除的辅助线上右击，在弹出的快捷菜单中选择"删除"命令，将当前所选的辅助线删除。

3. 锁定辅助线

为了避免辅助线移动影响产品原型的准确度，可以将设置好的辅助线锁定。

执行"视图 > 标尺·网格·辅助线 > 锁定辅助线"命令或在页面中右击，在弹出的快捷菜单中执行"标尺·网格·辅助线 > 锁定辅助线"命令，将页面中所有的辅助线锁定，如图 3-108 所示。再次执行该命令，会解锁所有辅助线。

图 3-108 锁定辅助线

3.6.3 创建辅助线

手动拖曳辅助线虽然便捷，但如果遇到要求精度极高的项目时就显得"力不从心"了。用户可以通过"创建辅助线"命令创建精准的辅助线。

课堂操作——创建辅助线

| 源文件：3-4-5.rp | 操作视频：008.mp4 |

扫码看视频

步骤 01 执行"文件 > 新建"命令，新建一个页面。执行"视图 > 标尺·网格·辅助线 > 创建辅助线"命令或在页面中右击，在弹出的快捷菜单中执行"标尺·网格·辅助线 > 创建辅助线"命令，如图3-109所示。弹出的"创建辅助线"对话框，如图3-110所示。

图 3-109 创建辅助线　　图 3-110 "创建辅助线"对话框

步骤 02 用户可以在"预设"下拉列表中选择"960像素网格：12列"的辅助线预设选项，如图3-111所示。

步骤 03 勾选"创建为全局辅助线"复选框，可以使辅助线出现在所有的页面中，方便团队的所有成员使用，如图3-112所示。

图 3-111　选择辅助线预设选项

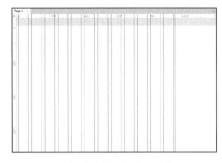

图 3-112　创建辅助线

> **提示：** 用户可以直接输入数值来创建辅助线。用户应养成使用辅助线的习惯，这样既能方便团队合作，又能方便在一个站点中的不同页面定位元素。

3.6.4　使用网格

使用网格可以保持产品原型的整洁和结构化。例如设置网格为 10 像素 ×10 像素，然后以 10 的倍数为基准来创建对象。当把这些对象放在网格上的时候，将会更容易对齐。当然，也允许那些需要不同尺寸的特殊对象偏离网格。

在默认情况下，页面中不会显示网格。用户可以执行"视图>标尺·网格·辅助线>显示网格"命令或在页面中右击，在弹出的快捷菜单中执行"标尺·网格·辅助线>显示网格"命令，如图 3-113 所示。页面中网格显示效果如图 3-114 所示。

图 3-113　显示网格

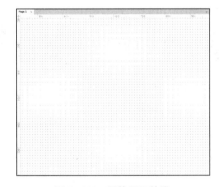

图 3-114　网格显示效果

用户可以执行"视图>标尺·网格·辅助线>网格设置"命令或在页面中右击，在弹出的快捷菜单中执行"标尺·网格·辅助线>网格设置"命令，在弹出的"偏好设置"对话框中设置网格的各项参数，如图 3-115 所示。

图 3-115　网格偏好设置

用户可以在"间距"文本框中设置网格的间距；在"样式"选项下设置网格的样式为线段或交点；在"颜色"选项下设置网格的颜色。

用户可以执行"视图 > 标尺·网格·辅助线 > 网格对齐"命令或在页面中右击，在弹出的快捷菜单中执行"标尺·网格·辅助线 > 网格对齐"命令，如图 3–116 所示。激活"网格对齐"后，移动对象时会自动对齐网格。

用户可以执行"视图 > 标尺·网格·辅助线 > 对齐辅助线"命令或在页面中右击，在弹出的快捷菜单中执行"标尺·网格·辅助线 > 对齐辅助线"命令，如图 3–117 所示。激活"对齐辅助线"后，移动对象时会自动对齐辅助线。

图 3–116　网格对齐　　　　　　图 3–117　对齐辅助线

3.7　设置遮罩

Axure RP 9 中提供了很多特殊的元件，例如热区、母版、动态面板、中继器和文本链接。当用户使用这些元件时，其会以一种特殊的形式显示，如图 3–118 所示。当用户将页面中的元件隐藏时，被隐藏元件在默认情况下以一种半透明的黄色显示，如图 3–119 所示。

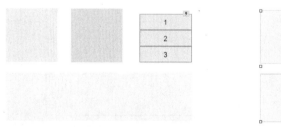

图 3–118　元件应用遮罩　　　　　　图 3–119　隐藏元件

用户如果觉得这种遮罩效果会影响操作，可以通过执行"视图 > 遮罩"命令，选择对应的选项，取消遮罩效果，如图 3–120 所示。

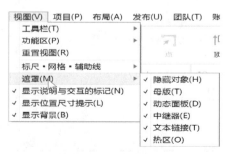

图 3–120　取消遮罩效果

3.8 本章小结

本章主要讲解了 Axure RP 9 中的页面管理的内容，包括页面的添加和删除、页面的移动、页面的搜索等内容。读者熟悉这些内容有利于了解产品原型设计的基本操作。同时本章针对 Axure RP 9 中的辅助工具进行了讲解，能帮助读者了解标尺、辅助线和网格。另外本章还针对自适应视图的添加进行了介绍，帮助读者理解。

3.9 课后练习——创建 Android 系统页面样式

掌握 Axure RP 9 中的页面管理和操作的相关内容，能够有效地提高工作效率、降低项目的制作复杂程度。接下来完成 Androdi 系统页面样式的制作。

步骤 01 启动 Axure RP 9 软件，选择如图3-121所示的页面尺寸预设。

步骤 02 在"页面样式管理"对话框中设置"默认"样式，如图3-122所示。

扫码看视频

图 3-121 设置页面尺寸

图 3-122 设置"默认"样式

步骤 03 新建一个名为"Android页面"的样式，并修改页面样式，如图3-123所示。

步骤 04 单击"确定"按钮，完成样式的设置。"样式"面板如图3-124所示。

图 3-123 新建页面样式

图 3-124 "样式"面板

3.10 课后测试

完成本章内容的学习后，通过几道课后习题测验读者对 Axure RP 9 相关知识的学习效果，同时加深读者对所学知识的理解。

3.10.1 选择题

1. 下列选项中不属于 Axure RP 9 新建文件页边距的是（　　）。

A. 上

B. 下

C. 中

D. 左、右

2. 为了保证用户不会因为计算机死机或软件崩溃等问题未存盘而造成不必要的损失，Axure RP 9 为用户提供了（　　）的功能。

A. 自动备份

B. 找回

C. 保存

D. 自动保存

3. 下列选项中不属于 Axure RP 9 的存储格式的是（　　）。

A. RP

B. RPPRJ

C. RPLIB

D. PSD

4. 默认情况下，下列辅助线为虚线的是（　　）。

A. 页面辅助线

B. 全局辅助线

C. 页面尺寸辅助线

D. 打印辅助线

3.10.2 填空题

1. 单击欢迎界面的"打开文件"按钮，可以打开一个＿＿＿＿＿格式的文件，可再次进行编辑修改。

2. 用户可以单击工作界面左上角的"保存"按钮或者按组合键＿＿＿＿＿实现对文件的保存，按组合键＿＿＿＿＿则实现另存为操作。

3. 新建 Axure RP 9 文件后，软件将自动为用户创建＿＿＿＿＿个页面，用户可以在＿＿＿＿＿面板中查看。

3.10.3 操作题

根据所学内容，创建一个 iOS 系统 App 项目的页面样式，并应用到所有页面中。

Axure RP 9 互联网产品原型设计（慕课版）

第 4 章

使用元件和元件库

元件是产品原型最基础的组成部分，使用元件可以制作出丰富多彩的产品原型效果。本章将针对 Axure RP 9 的元件和元件库进行讲解。读者通过学习本章，可以掌握元件的使用方法和设置技巧，并能掌握元件库的下载与载入方法。

本章知识点

- 了解元件面板
- 掌握添加元件的方法
- 掌握设置元件属性的方法
- 掌握编辑元件的方法
- 掌握使用元件库的方法
- 掌握使用外部元件库的方法

4.1 了解元件面板

Axure RP 9 的元件都放在"元件"面板中，默认情况下，"元件"面板位于工作界面的左侧，如图 4-1 所示。

"元件"面板中默认显示 Default（预设）元件库，Default（预设）元件库将元件按照种类分为基本元件、表单元件、菜单 I 表格和标记元件 4 种类型，如图 4-2 所示。

单击"Default"（预设）选项后面的◇图标，用户可以在弹出的下拉列表中选择其他的元件库。在默认情况下，Axure RP 9 为用户提供了 4 个元件库，如图 4-3 所示。

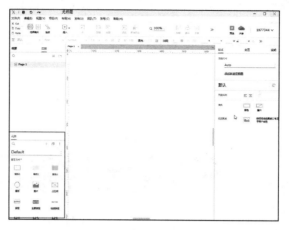

图 4-1 "元件"面板

选择"全部元件库"选项，在"元件"面板中将同时显示所有的元件分类选项，如图4-4所示。选择"Flow"（流程图）选项，则只显示 Flow 元件库，如图 4-5 所示。

图 4-2 Default 元件库

图 4-3 4 个元件库

图 4-4 全部元件库

图 4-5 Flow 元件库

提示： 每种类型的元件选项处都有一个三角形，三角形向右时代表当前选项下有隐藏选项，三角形向下时代表已经显示了所有隐藏选项。

4.2 将元件添加到页面

在"元件"面板中选择要使用的元件，按住鼠标左键不放，将鼠标指针拖曳到合适的位置后松开，即可完成将元件添加到页面的操作，如图 4-6 所示。

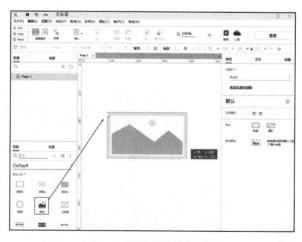

图 4-6 将元件添加到页面

1. 为元件命名

一个原型通常包含了很多元件，要在众多元件中查找其中的某一个元件是非常麻烦的。为元件命名就能很好地解决这个问题。

将元件拖曳到页面中后，可以在"样式"面板中为其命名，如图 4-7 所示。为了更便于使用，元件名称应尽量使用英文或者拼音命名，首字母最好选用大写字母。

提示： 为元件命名除了能便于用户管理、查找外，在制作交互效果时，也便于进行程序的选择和调用。

2. 缩放元件

将元件拖曳到页面中后，通过拖曳其四周的控制点，可以实现对元件的缩放，如图 4-8 所示。用户也可以在工具栏中精确修改元件的坐标和尺寸，其中 X 代表水平方向，Y 代表垂直方向，W 代表元件的宽度，H 代表元件的高度，如图 4-9 所示。

图 4-7　为元件命名

图 4-8　拖曳缩放元件

图 4-9　工具栏中设置数值缩放元件

提示： 用户在移动、缩放和旋转元件时，元件的右下角会显示辅助信息，能帮助用户实现精确的操作。

3. 旋转元件

按【Ctrl】键的同时拖曳控制点，可以以任意角度旋转元件，如图 4-10 所示。用户如果要获得精确的旋转角度，可以在"样式"面板中设置，如图 4-11 所示。

图 4-10　旋转元件

图 4-11　设置旋转角度

如果元件内有文本内容，文本内容将与元件同时旋转，如图 4-12 所示。右击，在弹出的快捷菜单中选择"变换形状>重置文本到 0°"选项，即可将元件中的文本恢复到 0°，如图 4-13 所示。

图 4-12　旋转文本与元件

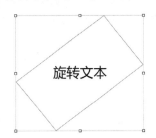

图 4-13　将元件中的文本恢复到 0°

如果希望矩形与文本保持一致的高度，可以单击"样式"面板上的"自动适应文本高度"按钮，效果如图 4-14 所示。如果希望矩形与文本保持一致的宽度，可以单击"样式"面板上的"自适应文本宽度"按钮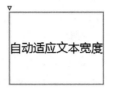，效果如图 4-15 所示。

图 4-14　自动适应文本高度　　　　　图 4-15　自动适应文本宽度

4. 设置颜色和不透明度

将元件拖曳到页面中后，用户可以在顶部工具栏中设置其填充颜色和线段颜色，如图 4-16 所示。

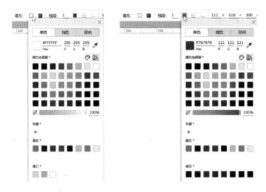

图 4-16　设置填充颜色和线段颜色

用户还可以修改拾色器面板底部的不透明度值，实现填充或线段的不透明效果，如图 4-17 所示。

图 4-17　修改不透明度值

5. 设置线段宽度和类型

除了可以设置元件的颜色外，用户还可以在顶部工具栏中设置元件的线段宽度和类型，如图 4-18 所示。

> **链接：** 除了以上所介绍的元件操作外，还可以对元件进行更多的操作，详细内容将在 4.4 节介绍。

图 4-18　设置元件的线段宽度和类型

4.2.1　基本元件

Axure RP 9 一共提供了 20 个基本元件，如图 4-19 所示。将鼠标指针移动到元件上，元件右上角将出现一个问号图标，单击该图标将弹出该元件的操作提示，如图 4-20 所示。

图 4-19　基本元件

图 4-20　元件的操作提示

1. 矩形

Axure RP 9 一共提供了 3 个矩形元件，分别命名为矩形 1、矩形 2 和矩形 3，如图 4-21 所示。这 3 个元件没有本质的不同，只是在边框和填充方面略有不同，方便用户在不同情况下选择使用。

图 4-21　3 个矩形元件

选择"矩形"元件，拖曳元件左上角的黄色三角形，可以将其更改为圆角矩形，如图 4-22 所示。用户可以在"样式"面板"圆角"选项下设置半径值，从而获得不同的圆角矩形效果，如图 4-23 所示。

图 4-22　更改为圆角矩形　　　　　　　　图 4-23　设置圆角半径

用户也可以单击工具栏上的"插入"按钮，在弹出的下拉列表中选择"矩形"选项或者按组合键【Ctrl+Shift+B】，如图 4-24 所示。在页面中拖曳绘制一个任意尺寸的矩形。绘制过程中右侧会出现矩形的尺寸参数和位置的提示信息，如图 4-25 所示。

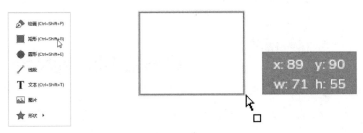

图 4-24　选择"矩形"选项　　　　　　图 4-25　矩形的尺寸和位置的提示信息

2. 圆形

圆形元件与矩形元件的绘制方法相同，选择"圆形"元件，直接将其拖曳到页面中即可完成一个圆形元件的创建。用户可以单击工具栏上的"插入"按钮，在弹出的下拉列表中选择"圆形"选项或者按组合键【Ctrl+Shift+E】，在页面中拖曳绘制一个任意尺寸的圆形。

3. 图片

Axure RP 9 的图片支持功能非常强大的，选择"图片"元件，将其拖曳到页面中，效果如图 4-26 所示。双击"图片"元件，在弹出的"打开"对话框中选择图片，单击"打开"按钮，即可看到打开的图片，效果如图 4-27 所示。

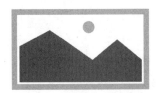

图 4-26　"图片"元件效果

图 4-27　打开图片的效果

提示： 有一点需要注意，打开的图片将以其原始尺寸显示，用户可以通过拖曳边角的控制点实现对其的缩放操作。

用户也可以单击工具栏上的"插入"按钮，在弹出的下拉列表中选择"图片"选项，在弹出的"打开"对话框中选择要插入的图片，单击"打开"按钮，完成图片的插入操作。

拖曳图片左上角的黄色三角形，可以对图片添加遮罩效果和圆角图片的效果，圆角图片效果如图 4-28 所示。

在"图片"元件上右击，在弹出的快捷菜单中选择"编辑文本"命令，如图 4-29 所示。用户可以直接在图片上输入或编辑文本内容，如图 4-30 所示。

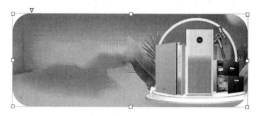

图 4-28　圆角图片效果

图 4-29　选择"编辑文本"命令

图 4-30　输入或编辑文本内容

Axure RP 9 可以使用裁剪工具对图片进行裁剪操作。单击"样式"面板上的"裁剪"按钮，工作区将转换为"裁剪图片"模式，图片四周出现选框，如图 4-31 所示。工作区顶部有"裁剪""复制""剪切""关闭" 4 个按钮，如图 4-32 所示。

图 4-31　"裁剪图片"模式

图 4-32　4 个按钮

拖曳调整图片边缘的选框，如图 4-33 所示。单击"裁剪"按钮或者在图片上双击，即可完成图片的裁剪操作，效果如图 4-34 所示。

图 4-33　拖曳调整图片边缘的选框

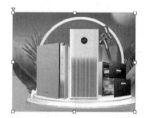

图 4-34　裁剪图片的效果

单击"复制"按钮，可将选框内的内容复制到内存中，如图 4-35 所示。单击"剪切"按钮，可将选框内的内容剪切到内存中，如图 4-36 所示。通常复制和剪切操作会配合粘贴操作使用。单击"关闭"按钮，将取消本次裁剪操作。

图 4-35　复制操作

图 4-36　剪切操作

除了裁剪图片的功能外，Axure RP 9 还可以完成图片切割的操作。

课堂操作——切割按钮图片

扫码看视频

源文件：4-2-1.rp　　　　操作视频：009.mp4

步骤01 使用"图片"元件导入图4-37所示的图片。单击"样式"面板中的"切割"按钮 ✐，如图4-38所示。

图 4-37　导入图片

图 4-38　单击"切割"按钮

步骤02 进入"切割图片"模式，页面中出现一个"十"字形的虚线，如图4-39所示。在图片上单击，即可完成切割操作，如图4-40所示。

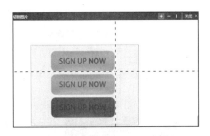

图 4-39　"切割图片"模式

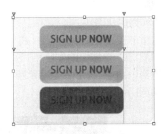

图 4-40　切割图片

步骤03 用户可以单击右上角的按钮选择十字切割、横向切割和纵向切割，如图4-41所示。多次切割，删除多余的部分，得到如图4-42所示的图片效果。

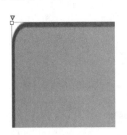

图 4-41　切割模式

图 4-42　切割效果

　　用户缩放图片时，如果图片具有圆角效果，缩放时圆角效果将一起缩放，这会破坏图片的美观性，如图4-43所示。单击"样式"面板上的"固定边角的范围"按钮，图片四周出现边角标记，拖曳标记可以控制缩放图片时图片边角固定的范围，如图4-44所示。当缩放调整图片大小时，图片边角将不会随图片的缩放而缩放，如图4-45所示。

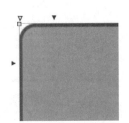

图 4-43　缩放边角　　　　图 4-44　调整边角固定的范围　图 4-45　缩放图片时边角不缩放的效果

单击"样式"面板上的"恢复图像尺寸"按钮⌈⌉，可以使缩放调整后的图片恢复原始尺寸。

单击"样式"面板上的"调整颜色"按钮，在弹出的对话框中勾选"调整颜色"复选框，如图 4-46 所示。用户可以对图片的"色调""饱和度""亮度""对比度"进行调整，调整颜色的对比效果如图 4-47 所示。

图 4-46 勾选"调整颜色"复选框

图 4-47 调整颜色的对比效果

在图片上右击，用户可以在弹出的快捷菜单中选择"变换图片"下的命令，如图 4-48 所示。

● 水平翻转 / 垂直翻转：执行该命令可在水平或垂直方向上翻转图片。

● 优化图片：执行该命令，Axure RP 9 将自动优化当前图片、降低图片的质量、提高下载的速度。

● 转换 SVG 图片为形状：执行该命令会将 SVG 图片转换为形状图片。

● 固定边角范围：此命令与"样式"面板中"固定边角的范围"按钮的作用相同。

图 4-48 选择命令

● 编辑连接点：执行该命令，图片四周将会出现 4 个连接点，如图 4-49 所示。用户可以拖曳调整连接点的位置，如图 4-50 所示。

图 4-49 4 个连接点　　　图 4-50 调整连接点的位置

提示： 在图片上单击，即可为图片添加一个连接点。选中一个连接点，按【Delete】键，即可删除连接点。

4. 占位符

占位符元件没有实际的意义，只是作为临时占位的元件存在。当用户需要在页面上预留一块位置，但是还没有确定要放什么内容的时候，可以选择先放一个占位符元件。

选择"占位符"元件，将其拖曳到页面中，效果如图 4-51 所示。

图 4-51 "占位符"元件效果

5. 按钮

Axure RP 9 为用户提供了 3 种按钮元件，分别是按钮、主要按钮和链接按钮。用户可以根据不同的用途选择不同的按钮。选择"按钮"元件，将其拖曳到页面中，效果如图 4-52 所示。双击"按钮"元件即可修改按钮文字，效果如图 4-53 所示。

图 4-52　"按钮"元件效果

图 4-53　修改按钮文字

6. 文本

Axure RP 9 中的文本元件有标题元件和文本元件两种。标题元件又分为一级标题、二级标题和三级标题元件。文本元件则分为"文本标签"和"文本段落"元件。

用户可以根据需要选择不同的标题元件。选择"标题"元件，将其拖曳到页面中，3 个标题元件的效果如图 4-54 所示。

一级标题　　二级标题　　三级标题

图 4-54　3 个标题元件的效果

"文本标签"元件的主要功能是输入较短的普通文本，选择"文本标签"元件，将其拖曳到页面中，效果如图 4-55 所示。"文本段落"元件用来输入较长的普通文本，选择"文本段落"元件，将其拖曳到页面中，效果如图 4-56 所示。

Lorem ipsum dolor sit amet, consectetur adipiscing elit. Aenean euismod bibendum laoreet. Proin gravida dolor sit amet lacus accumsan et viverra justo commodo. Proin sodales pulvinar sic tempor. Sociis natoque penatibus et magnis dis parturient montes, nascetur ridiculus mus. Nam fermentum, nulla luctus pharetra vulputate, felis tellus mollis orci, sed rhoncus pronin sapien nunc accuan eget.

文本标签

图 4-55　"文本标签"元件效果　　　　**图 4-56　"文本段落"元件效果**

拖曳标题元件或文本元件四周的控制点，内部的文本会自动调整位置。当文本框的宽度比文本内容宽时，可以调整文本框的大小，如图 4-57 所示。双击文本框的控制点，即可快速使文本框大小与文本一致，如图 4-58 所示。

图 4-57　调整文本框的大小　　　　　**图 4-58　快速调整文本框的大小**

选择文本框，用户可以在工具栏上为其指定填充颜色和线段颜色，如图 4-59 所示。选择文本内容，在工具栏上可以为文本指定颜色，如图 4-60 所示。

除了可以为文本指定颜色外，用户还可以在工具栏上为文本指定字体、字形或字号，为文本设置加粗、斜体、下画线或项目符号等，如图 4-61 所示。

图 4-59　指定填充颜色和线段颜色

图 4-60　指定文本颜色

字体　　　　字形　　　　字号　　颜色　加粗　斜体　下画线　项目符号

图 4-61　设置文本属性

> **提示：** 用户也可以单击工具栏上的"插入"按钮，在弹出的下拉列表中选择"文本"选项或者按组合键【Ctrl+Shift+T】。在页面单击，即可完成一个文本标签元件的创建。

7. 水平线和垂直线

使用水平线和垂直线元件可以创建水平线段和垂直线段。其通常是用来分割功能或美化页面的。选择"水平线"和"垂直线"元件，将其拖曳到页面中，效果如图 4-62 所示。

选择线段，用户可以在工具栏中为其设置颜色、线宽或类型，如图 4-63 所示。用户也可以单击工具栏上的"箭头样式"按钮，在弹出的下拉列表中选择一种箭头效果，如图 4-64 所示。

图 4-62　"水平线"和"垂直线"元件效果

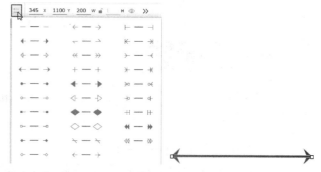

图 4-63　设置线段属性

图 4-64　设置线段箭头效果

> **提示：** 用户也可以单击工具栏上的"插入"按钮，在弹出的下拉列表中选择"线段"选项，然后在页面中拖曳绘制任意角度的线段。

8. 热区

热区就是一个隐形但可以点击的面板。在"元件"面板中选择"热区"元件，将其拖曳到页面中。使用热区可以完成为一张图片同时设置多个超链接的操作，如图 4-65 所示。

图 4-65　一张图片设置多个超链接

9. 动态面板

"动态面板"元件是 Axure RP 9 中最常用的元件，它可以被看作拥有很多种不同状态的超级元件。

> **链接：** 关于动态面板的使用方法和技巧，将在本书的 6.5 节中详细介绍。

10. 内联框架

"内联框架"元件是网页制作中的 iframe 框架。在 Axure RP 9 中，用户使用"内联框架"元件可以应用任何一个以"HTTP：//"开头的 URL 所标示的内容，如一张图片、一个网站、一个动画，只要能用 URL 标示就可以了。选择"内联框架"元件，将其拖曳到页面中，效果如图 4-66 所示。

双击"内联框架"元件，弹出"链接属性"对话框，如图 4-67 所示。用户可以在该对话框中选择"链接一个当前原型中的页面"或"链接一个外部的 URL 或文件"。

图 4-66　"内联框架"元件效果

图 4-67　"链接属性"对话框

> **提示：** iframe 是 HTML 的一个控件，用于在一个页面中显示另外一个页面。

11. 中继器

可以用来生成由重复条目组成的列表页，如商品列表、联系人列表等，并且可以非常方便地通过预先设定的事件，对列表进行新增条目、删除条目、编辑条目、排序和分页的操作。

> **链接：** 关于中继器的使用方法和技巧，将在本书的第 9 章中详细介绍。

4.2.2　表单元件

Axure RP 9 为用户提供了丰富的表单元件，便于用户在原型中制作更加逼真的表单效果。表单元件主要包括文本框、文本域、下拉列表、列表框、复选框和单选按钮，接下来逐一进行介绍。

1. 文本框

文本框元件主要用来接受用户输入内容，但是仅接受单行的文本输入。选择"文本框"元件，将其拖曳到页面中，效果如图 4-68 所示。文本框中输入的文本的样式，可以在"样式"面板中的"排版"选项中进行设置，如图 4-69 所示。

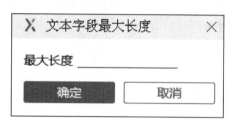

图 4-68 "文本框"元件效果　　　　　　　图 4-69　设置文本框中输入的文本的样式

在"文本框"元件上右击，在弹出的快捷菜单中选择"输入类型"命令下的命令，可以选择文本框的不同类型，如图 4-70 所示。选择"编辑最大长度"命令，用户可以在弹出的"文本字段最大长度"对话框中设置文本框的最大长度，如图 4-71 所示。

图 4-70　选择文本框的不同类型　　　　　图 4-71　设置文本框的最大长度

课堂操作——创建文本框

| 源文件：4-2-2.rp | 操作视频：010.mp4 |

扫码看视频

步骤 01 将"文本框"元件拖曳到页面中，在"样式"面板中为其指定名称为"用户名"，如图 4-72 所示。在"样式"面板中设置文本框"线段"属性，如图 4-73 所示。

图 4-72　为元件指定名称　　　　　　　图 4-73　设置文本框"线段"属性

步骤 02 按【Ctrl】键的同时向下拖曳文本框，复制一个文本框，如图 4-74 所示，修改其名称为"密码"。将"主要按钮"元件拖曳到页面中，调整其大小和文本内容，指定名称为"提交"，效果如图 4-75 所示。

图 4-74　复制文本框　　　　　　　　图 4-75　"主要按钮"元件效果

步骤 03 在"用户名"文本框上单击鼠标右键，在弹出的快捷菜单中选择"输入类型＞文本"命令，如图 4-76 所示。使用相同的方法，将"密码"文本框输入类型设置为"密码"。

步骤04 在"用户名"文本框上右击，在弹出的快捷菜单中选择"编辑最大长度"命令，如图4-77所示。在弹出的"文本字段最大长度"对话框中将"最大长度"设置为8，单击"确定"按钮，如图4-78所示。使用相同的方法，设置"密码"文本框的最大长度。

图 4-76　设置输入类型　　　图 4-77　选择"编辑最大长度"命令　　图 4-78　设置最大长度

步骤05 在"用户名"文本框上右击，在弹出的快捷菜单中选择"指定提交按钮"命令，在弹出的"指定提交按钮"对话框中选择"提交"按钮元件，如图4-79所示。使用相同的方法，设置"密码"文本框的提交按钮。

步骤06 在"用户名"文本框上右击，在弹出的快捷菜单中选择"工具提示"命令，在弹出的"工具提示"对话框中输入提示内容，如图4-80所示。使用相同的方法，设置"密码"文本框的工具提示。

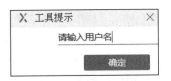

图 4-79　选择"提交"按钮元件　　　图 4-80　输入提示内容

步骤07 单击"确定"按钮，完成工具提示的添加。单击工作界面右上角的"预览"按钮，预览效果如图4-81所示。

在文本框上右击，选择"只读"和"禁用"命令，可以实现将文本设置为只读和禁用文本框的效果，如图4-82所示。

除了通过快捷菜单设置文本框外，用户还可以在"交互"面板中完成对文本框样式的设置。单击"交互"面板中的"提示"选项，如图4-83所示。单击"提示属性"选项，弹出图4-84所示的面板。

图 4-81　预览效果

图 4-82　选择"只读"和"禁用"命令　图 4-83　单击"提示"选项　　　图 4-84　提示属性面板

用户可以在该面板中快速设置文本框的"类型""提示文本""工具提示""提交按钮""最大长度""禁用""只读"等样式。

设置的"提示文本"将默认显示在文本框中，如图4-85所示。用户可以在"隐藏提示"选项下选择在哪种情况下显示提示文本。选择"输入"选项时，用户在文本框中输入文本时，隐藏提示文本。选择"获取焦点"选项时，只要用户激活文本框，就隐藏提示文本。图4-86所示为设置"隐藏提示"选项为"输入"时的效果。

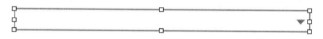

图4-85 提示文本　　　　　　图4-86 设置"隐藏提示"选项为"输入"时的效果

2. 文本域

文本域能够接受用户输入多行文本。选择"文本域"元件，将其拖曳到页面中，效果如图4-87所示。文本域的设置与文本框基本相同，此处不赘述。

3. 下拉列表

下拉列表主要用来显示一些列表选项，以便用户选择。下拉列表只能选择选项，不能输入。选择"下拉列表"元件，将其拖曳到页面中，效果如图4-88所示。

图4-87 "文本域"元件效果

图4-88 "下拉列表"元件效果

双击"下拉列表"元件，单击弹出的"编辑下拉列表"对话框中的"添加"选项，逐一添加列表，效果如图4-89所示。单击"编辑多项"选项，用户可以在"编辑多项"对话框中一次输入多项文本内容，完成列表的添加，编辑多项列表效果如图4-90所示。

勾选某个列表选项前面的复选框，代表将其设置为默认显示的选项，没有勾选则默认为第一项。用户可以通过单击"编辑下拉列表"对话框中的"上移"和"下移"选项调整列表的顺序。选中列表选项，单击"删除"选项，即可删除该列表选项。单击"确定"按钮，下拉列表中即可显示添加的列表选项，效果如图4-91所示。

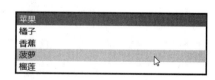

图4-89 添加列表效果　　图4-90 编辑多项列表效果　　图4-91 下拉列表效果

4. 列表框

"列表框"元件一般会在页面中显示多个供用户选择的选项，并且允许用户多选。选择"列表框"元件，将其拖曳到页面中，效果如图4-92所示。

双击"列表框"元件，用户可以在弹出的"编辑列表框"对话框中为其添加列表选项，"编辑列表框"对话框如图4-93所示。"列表框"元件添加列表选项的方法和"下拉列表"元件的添加方法相同。勾选"允许选中多个选项"复选框，则可允许用户同时选择多个选项，图4-94所示为列表框预览效果。

图4-92 "列表框"元件效果

图 4-93 "编辑列表框"对话框

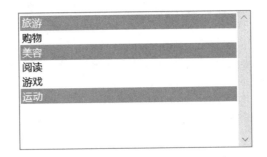

图 4-94 列表框预览效果

5. 复选框

"复选框"元件允许用户从多个选项中选择多个选项,选中状态以"√"显示,再次单击则取消选择。选择"复选框"元件,将其拖曳到页面中并进行设置,效果如图 4-95 所示。

用户可以在复选框上右击,在弹出的快捷菜单中选择"选中"命令,或者在"交互"面板禁用属性面板中勾选"选中"复选框,如图 4-96 所示。Axure RP 9 允许用户直接在复选框元件的正方形上单击将其设置为默认选中状态,如图 4-97 所示。

图 4-95 "复选框"元件效果

图 4-96 设置选中状态

图 4-97 单击设置为默认选中状态

用户可以在"样式"面板中的"按钮"选项下设置复选框的尺寸和对齐方式,如图 4-98 所示。左对齐和右对齐效果如图 4-99 所示。

图 4-98 设置复选框的尺寸和对齐方式

图 4-99 两种对齐效果

6. 单选按钮

"单选按钮"元件允许用户在多个选项中选择一个选项。选择"单选按钮"元件,将其拖曳到页面中并进行设置,效果如图 4-100 所示。

为了实现单选按钮效果,必须将多个单选按钮同时选中,右击,在弹出的快捷菜单中选择"指定单选按钮的组"命令,如图 4-101 所示。在弹出的"选项组"对话框中输入组名称,单击"确定"按钮,即可完成选项组的创建,如图 4-102 所示。

图 4-100 "单选按钮"元件效果

图 4-101 执行命令

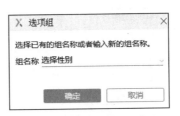

图 4-102 设置选项组名称

提示: Axure RP 9 允许用户直接在单选按钮元件的圆形上单击将其设置为默认选中状态。

4.2.3 菜单与表格

Axure RP 9 为用户提供了实用的"菜单 | 表格"元件。用户可以使用该元件非常方便地制作数据表格和各种形式的菜单。"菜单 | 表格"元件主要包括树、表格、水平菜单和垂直菜单 4 个元件，如图 4-103 所示。接下来逐一进行介绍。

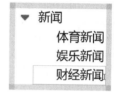

图 4-103 "菜单 | 表格"元件

1. 树

"树"元件的主要功能是创建一个树状目录。选择"树"元件，将其拖曳到页面中，效果如图 4-104 所示。

单击元件前面的三角形，可将该树状菜单收起或打开，收起树状菜单如图 4-105 所示。双击单个选项可以修改选项文本，效果如图 4-106 所示。

图 4-104 "树"元件效果

图 4-105 收起树状菜单

图 4-106 修改选项文本效果

在元件选项上右击，在弹出的快捷菜单中选择"添加"命令下的命令可以实现添加菜单的操作，如图 4-107 所示。

● 添加子节点：选择该命令，用户可以在当前选中菜单下添加一个菜单。
● 上方添加节点：选择该命令，用户可以在当前菜单上方添加一个菜单。
● 下方添加节点：选择该命令，用户可以在当前菜单下方添加一个菜单。
● 编辑图标：选择该命令，用户可以通过导入的方式为菜单指定一个图标。

用户如果想删除某一个菜单选项，可以在菜单上右击，在弹出的快捷菜单中选择"删除节点"命令，将当前菜单选项删除，如图 4-108 所示。

图 4-107 添加菜单

图 4-108 选择"删除节点"命令

选中"树"元件，右击，在弹出的快捷菜单中选择"编辑树属性"命令，如图 4-109 所示。弹出"树属性"对话框，如图 4-110 所示。用户也可以单击"样式"面板中的"编辑属性"选项，弹出"树属性"对话框。

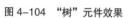

图 4-109 选择"编辑树属性"命令　　图 4-110 "树属性"对话框

在该对话框中，用户可以选择将显示展开 / 折叠的图标设置为 +/- 符号或三角形，也可以通过导入 9 像素 ×9 像素图片的方法，设置个性化的展开图标，如图 4-111 所示。

单击"样式"面板中的"编辑图标"选项，用户可以在弹出的"编辑图标"对话框中导入一个 16 像素 ×16 像素的图片作为节点的图标，"编辑图标"对话框如图 4-112 所示。

图 4-111　设置个性的展开图标

图 4-112　"编辑图标"对话框

> **提示:** 树状菜单具有一定的局限性，若显示树节点上添加的图标，则所有选项都会自动添加图标，且元件的边框也不能自定义格式。如果想要制作更多效果，可以考虑使用动态面板。

2. 表格

使用表格元件可以在页面上显示表格数据。选择"表格"元件，将其拖曳到页面中，效果如图 4-113 所示。

用户可以通过单击表格左上角的灰色圆角矩形快速选中整个表格，如图 4-114 所示。用户也可以通过单击表格顶部或左侧的圆角矩形，快速选中整列或者整行，图 4-115 所示为选中表格的整列。

Column 1	Column 2	Column 3

图 4-113　"表格"元件效果

Column 1	Column 2	Column 3

图 4-114　选中整个表格

选择行或列后，可以在"样式"面板中为其指定"填充"和"线段"样式，也可以在工具栏中直接为其指定填充色、边框颜色和粗细，效果如图 4-116 所示。

Column 1	Column 2	Column 3

图 4-115　选中表格的整列

姓名	性别	年龄

图 4-116　表格样式效果

用户如果想增加行或者列，可以在表格元件上右击，在弹出的快捷菜单中选择对应的命令，如图 4-117 所示。

* 选择行 / 选择列：执行该命令将选中一行或者一列。
* 上方插入行 / 下方插入行：执行该命令将在当前行的上方或下方插入一行。
* 左侧插入列 / 右侧插入列：执行该命令将在当前列的左侧或右侧插入一列。
* 删除行 / 删除列：执行该命令将删除当前所选行或列。

3. 水平菜单

使用水平菜单元件可以在页面上轻松制作水平菜单效果。

图 4-117　表格元件快捷菜单

课堂操作——制作水平菜单

源文件： 4-2-3.rp   **操作视频：** 011.mp4

扫码看视频

步骤01 在"元件"面板中选择"水平菜单"元件，将其拖曳到页面中，效果如图4-118所示。

图4-118 "水平菜单"元件效果

步骤02 双击菜单名，修改菜单文本，如图4-119所示。在元件上右击，在弹出的快捷菜单中选择"编辑菜单填充"命令，在弹出的"菜单项填充"对话框中设置填充的值，选择应用的范围，如图4-120所示。

图4-119 修改菜单文本

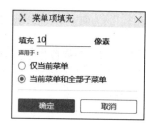

图4-120 设置填充值

步骤03 单击"确定"按钮，效果如图4-121所示。选择水平菜单可以在"样式"面板中为其指定"填充"颜色，选择单元格，为其设置"填充"颜色，如图4-122所示。

图4-121 菜单填充效果

图4-122 设置"填充"颜色

步骤04 用户如果希望添加菜单选项，可以在元件上右击，在弹出的快捷菜单中选择添加菜单项命令，如图4-123所示。在当前菜单的前方或者后方添加菜单，效果如图4-124所示。选择"删除菜单项"命令即可删除当前菜单。

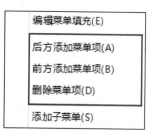

图4-123 选择添加菜单项命令

图4-124 添加菜单效果

步骤05 在元件上右击，在弹出的快捷菜单中选择"添加子菜单"命令，即可为当前单元格添加子菜单，效果如图4-125所示。使用相同的方法可以继续为子菜单添加子菜单，效果如图4-126所示。

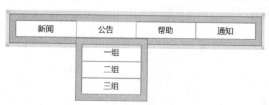

图4-125 添加子菜单效果

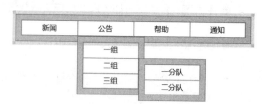

图4-126 继续添加子菜单效果

> **提示:** 除了通过快捷菜单进行菜单填充设置外,用户还可以在"样式"面板中的"菜单填充"选项下设置填充值。

4.垂直菜单

使用"垂直菜单"元件可以在页面上轻松制作垂直菜单效果。选择"垂直菜单"元件,将其拖曳到页面中,效果如图 4-127 所示。垂直菜单元件与水平菜单元件的使用方法基本相同,此处就不再详细介绍了。

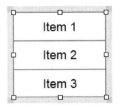

图 4-127 "垂直菜单"元件效果

4.2.4 标记元件

Axure RP 9 中的标记元件主要用来帮助用户对产品原型进行说明和标注。标记元件主要包括快照、水平箭头、垂直箭头、便签、圆形标记和水滴标记等,如图 4-128 所示。接下来逐一进行介绍。

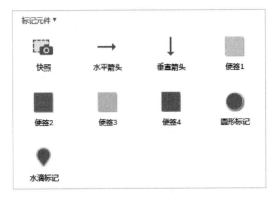

图 4-128 标记元件

1.快照

快照可让用户捕捉引用页面或主页面图像。可以配置快照组件显示整个页面或页面的一部分,也可以在捕捉图像之前对需要应用交互的页面建立一个快照。选择"快照"元件,将其拖曳到页面中,效果如图 4-129 所示。

双击元件即可弹出"引用页面"对话框,如图 4-130 所示。在该对话框中可以选择引用的页面或母版,引用效果如图 4-131 所示。

图 4-129 "快照"元件效果

图 4-130 "引用页面"对话框

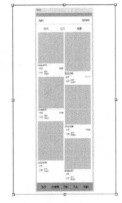

图 4-131 引用效果

> **链接:** 关于"母版"的创建和使用方法,将在本书的第 6 章中详细介绍。

在"样式"面板下的"快照"选项下可以看到页面快照的各项参数,如图 4-132 所示。取消勾选"适应比例"复选框,引用页面将以实际尺寸显示,如图 4-133 所示。

双击元件,鼠标指针变成小手标记,可以拖曳查看引用页面,如图 4-134 所示。滚动鼠标滚轮,可以缩小或放大引用页面。用户也可以拖曳调整快照的尺寸,如图 4-135 所示。

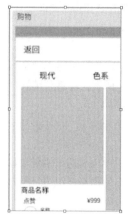
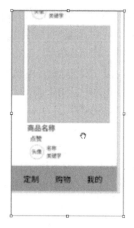
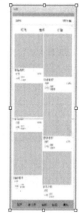

图 4-132 页面快照的各项参数 图 4-133 实际尺寸显示 图 4-134 拖曳查看 图 4-135 调整快照的尺寸

提示: 快照引入的图像太大时,Axure RP 9会自动对图像进行优化,优化后的图像质量将降低。

2. 水平箭头和垂直箭头

使用箭头可以在产品原型上进行标注。Axure RP 9 提供了水平箭头和垂直箭头两种箭头元件。选择"水平箭头"和"垂直箭头"元件,将其拖曳到页面中,效果如图 4-136 所示。

选中箭头元件,可以在工具栏或"样式"面板中设置其线段颜色、线宽和箭头样式,如图 4-137 所示,还可以对箭头的方向进行修改,如图 4-138 所示。

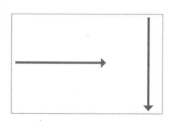

图 4-136 "水平箭头"和"垂直箭头"元件效果

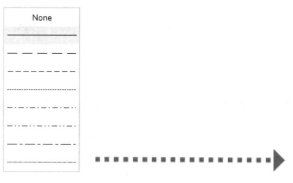

图 4-137 设置箭头样式

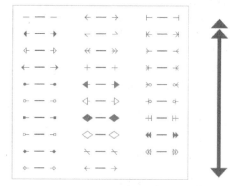

图 4-138 修改箭头方向

3. 便签

Axure RP 9 为用户提供了 4 种不同颜色的便签,以便用户在原型标注时使用。选择"便签"元件,将其拖曳到页面中,效果如图 4-139 所示。

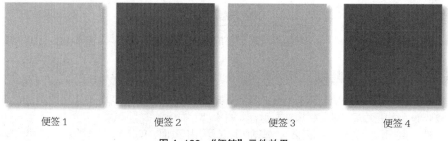

便签1   便签2   便签3   便签4

图 4-139 "便签"元件效果

课堂操作——制作便签说明

源文件: 4-2-4.rp   **操作视频**: 012.mp4

步骤 01 选择"便签"元件，用户可以在工具栏或"样式"面板中对其填充和线段样式进行修改，如图4-140所示。

步骤 02 双击元件，即可在元件内添加文本内容，效果如图4-141所示。

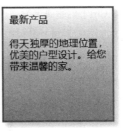

图 4-140　设置便签样式　　　　　图 4-141　添加文本内容

4. 圆形标记和水滴标记

Axure RP 9为用户提供了2种不同形式的标记：圆形标记和水滴标记。选择"圆形标记"和"水滴标记"元件，将其拖曳到页面中，效果如图 4-142 所示。

圆形标记和水滴标记元件主要是用于在完成的原型上进行标记说明的。双击元件，可以为其添加文本，如图 4-143 所示。选中元件可以在工具栏上修改其填充颜色、外部阴影、线宽、线段颜色、线段类型和箭头样式，修改后的效果如图 4-144 所示。

图 4-142　"圆形标记"和"水滴标记"元件效果　　　　图 4-143　添加文本　　　　图 4-144　修改样式效果

4.2.5　流程图元件

Axure RP 9 中为用户提供了专用的流程图元件，用户可以直接使用这些元件快速完成流程图的设计制作。在默认情况下流程图元件被保存在"元件"面板的下拉列表中，如图 4-145 所示。选择"Flow"（流程图）选项，即可将流程图元件显示出来，流程图元件如图 4-146 所示。

图 4-145　"元件"面板的下拉列表　　　　图 4-146　流程图元件

课堂操作——制作手机产业流程图

源文件: 4-2-5.rp   **操作视频**: 013.mp4

步骤 01 将"矩形"流程图元件拖曳到页面中,设置其样式如图4-147所示。双击元件输入文本,效果如图4-148所示。

图 4-147 设置样式   图 4-148 输入文本效果

步骤 02 按住键盘上的【Ctrl】键拖曳复制多个矩形元件并修改文本内容,设置效果如图4-149所示。单击工具栏上的"连接"按钮,将鼠标指针移动到第一个矩形元件右侧,如图4-150所示。

图 4-149 设置效果   图 4-150 将鼠标指针移动到第一个矩形元件右侧

步骤 03 在"样式"面板中单击"圆角折线"按钮,设置连接线的折线样式,如图4-151所示。按住鼠标左键将其向下拖曳到底部矩形元件的右侧,松开鼠标左键,连接线效果如图4-152所示。

图 4-151 设置连接线折线样式   图 4-152 连接线效果

步骤 04 在连接线中间位置双击,输入图4-153所示的文本。使用相同的方法创建右侧连接线,如图4-154所示。

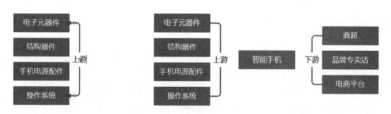

图 4-153 输入文本   图 4-154 创建右侧连接线

步骤 05 使用"连接"工具创建图4-155所示的连接线。在工具栏中设置箭头样式,效果如图4-156所示。

图 4-155 创建连接线   图 4-156 设置箭头样式效果

步骤 06 使用相同的方法创建其他连接线,选中连接线并设置连接线线段类型为虚线,完成手机产业流程图,效果如图4-157所示。

4.2.6 图标元件

Axure RP 9 为用户提供了很多美观实用的图标元件，用户可以直接使用这些元件快速完成产品原型的设计制作。默认情况下图标元件被保存在"元件"面板的下拉列表中，如图 4-158 所示。选择"Icons"（图标）选项，即可将图标元件显示出来，图标元件如图 4-159 所示。

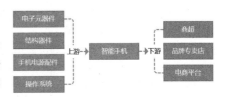

图 4-157　手机产业流程图效果

图 4-158　"元件"面板的下拉列表

图 4-159　图标元件

Axure RP 9 为用户提供了 Web 应用、辅助功能、手势、运输工具、性别、文件类型、加载中、表单控件、支付、图表、货币、文本编辑、方向、视频播放、商标和医学 16 种图标元件。

选中图标元件将其拖曳到页面中，如图 4-160 所示。用户可以修改图标元件的填充和线段样式，以实现更丰富的图标效果，如图 4-161 所示。

图 4-160　选中图标元件将其拖曳到页面中

图 4-161　修改图标元件的填充和线段样式

4.2.7 使用绘画工具

除了使用"元件"面板中的元件，用户还可以使用绘画工具绘制任意形状的图形元件。单击工具栏上的"插入"按钮，在弹出的下拉列表中选择"绘画"选项或者按组合键【Ctrl+Shift+P】，如图 4-162 所示。在页面中单击即可开始绘制折线，如图 4-163 所示。

绘画工具默认采用折线模式绘制，用户可以在"样式"面板中随时更改绘制的模式，如图 4-164 所示。将鼠标指针移动到页面另一处单击，即可完成一段路径的绘制，如图 4-165 所示。

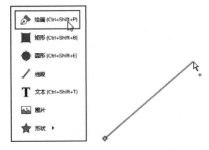

图 4-162　选择 图 4-163　开始绘制折线
"绘画"选项

图 4-164　更改绘制的模式

图 4-165　完成一段路径的绘制

使用相同的方法依次绘制后，将鼠标指针移动到起始点位置，如图 4-166 所示。单击即可封闭路径，完成图形元件的绘制，如图 4-167 所示。

选中元件，右击，在弹出的快捷菜单中选择"变换形状 > 曲线连接各点"命令，如图 4-168 所示。即可将元件所有锚点转换为曲线锚点，转换效果如图 4-169 所示。右击，在弹出的快捷菜单中选择"变换形状 > 折线连接各点"命令，即可将元件所有锚点转换为折线锚点。

图 4-166　将鼠标指针移动到起始点位置

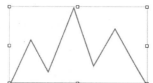

图 4-167　完成图形元件的绘制

图 4-168　曲线连接各点

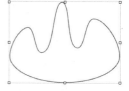

图 4-169　转换效果

4.3　元件的转换

为了实现更多的元件效果，便于原型的创建与编辑，Axure RP 9 允许用户将元件转换为其他形状和图片，并可以再次编辑。

4.3.1　转换为形状

将任意元件拖曳到页面中，如图 4-170 所示。在元件上右击，在弹出的快捷菜单中选择"选择形状"命令，弹出如图 4-171 所示的面板。

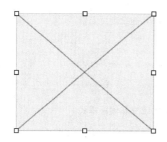

图 4-170　将任意元件拖曳到页面中

图 4-171　选择形状面板

选择任意一个形状图标，元件将自动转换为该形状，转换形状效果如图 4-172 所示。拖曳图形上的黄色控制点，可以继续编辑形状，效果如图 4-173 所示。

用户也可以单击工具栏上的"插入"按钮，在弹出的下拉列表中选择"形状"选项，如图 4-174 所示。在弹出的形状面板中选择一个形状，在页面中拖曳，即可绘制一个任意尺寸的形状，如图 4-175 所示。

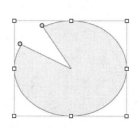

图 4-172　转换形状效果

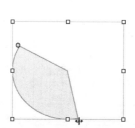

图 4-173　编辑形状效果

图 4-174　选择"形状"选项

图 4-175　绘制任意尺寸的形状

4.3.2 转换为图片

有时为了便于操作，会将元件转换为图片元件。在元件上右击，在弹出的快捷菜单中选择"变换形状 > 转换为图片"命令，如图 4-176 所示，即可将当前元件转换为图片元件，效果如图 4-177 所示。

图 4-176 转换为图片

图 4-177 转换为图片元件的效果

提示： 转换为图片的元件会失去其原有的属性，新元件将作为一个图片元件使用。

4.4 元件的编辑

Axure RP 9 提供的基本元件并不能满足用户所有的制作需求，通过对元件进行编辑可以制作出更多符合产品原型项目要求的元件。

4.4.1 元件的组合和结合

为了便于操作与管理，页面中功能相同的元件会被组合在一起。选中多个元件，如图 4-178 所示。单击工具栏上的"组合"按钮 或右击，在弹出的快捷菜单中选择"组合"命令，即可将多个元件组合成一个元件，如图 4-179 所示。

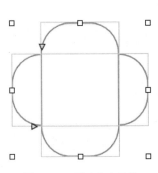
图 4-178 选中多个元件

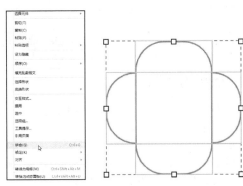
图 4-179 选择"组合"命令

提示： 组合后的元件将作为一个整体参与编辑操作。双击组合元件，可进入组合内部层级编辑修改单个元件。

单击工具栏上的"取消组合"按钮 或右击，在弹出的快捷菜单中选择"取消组合"命令，即可取消组合，每一个元件将作为单独的个体参与编辑操作。

一些特殊情况下，需要将相交元件的边框都显示出来，可以通过 "结合"操作来完成。选择想要结合的元件，右击，在弹出的快捷菜单中选择"变换形状 > 结合"命令，即可将多个元件结合成一个元件，如图 4-180 所示。

提示： 结合后的元件将作为一个整体参与编辑操作。元件相交的位置将被自动添加锚点并显示边框效果。

在结合元件上右击，在弹出的快捷菜单中选择"变换形状＞分开"命令，即可取消结合操作。

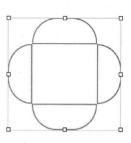

4.4.2 编辑元件

Axure RP 9 为用户提供了更方便的编辑元件的方法。选中元件，单击工具栏上的"点"按钮或者双击元件的边框，即可进入编辑点模式，如图 4-181 所示。

直接拖曳锚点，即可调整元件的形状，如图 4-182 所示。将鼠标指针移动到元件边框上，单击即可添加一个锚点。多次添加锚点并调整，效果如图 4-183 所示。

图 4-180　选择"结合"命令

图 4-181　编辑点模式

图 4-182　调整元件的形状

图 4-183　多次添加锚点并调整的效果

在锚点上右击，弹出如图 4-184 所示的快捷菜单。用户可以将锚点之间的线段转换为曲线、折线或者删除当前锚点。选择"曲线"命令后，锚点将变成曲线锚点，如图 4-185 所示。

曲线锚点由两条控制轴控制弧度，拖曳控制点可以同时调整两条控制轴，实现对曲线形状的改变，如图 4-186 所示。按住【Ctrl】键的同时拖曳锚点，可以实现调整单条控制轴的操作，如图 4-187 所示。

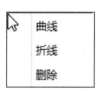

图 4-184　快捷菜单

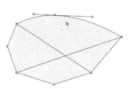

图 4-185　曲线锚点

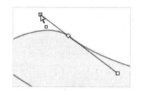

图 4-186　调整两条控制轴

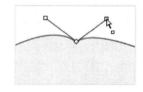

图 4-187　调整单条控制轴

提示： 在锚点上双击，可以快速完成折线锚点与曲线锚点之间的转换。

4.4.3 元件的运算

通过对元件进行运算操作，可以获得更多图形效果。Axure RP 9 为用户提供了"合并""去除""相交""排除"4 种运算操作。

1. 合并

选中两个及以上的元件，如图 4-188 所示。右击，在弹出的快捷菜单中选择"变换形状＞合并"命令，即可将所选元件合并成一个新的元件，如图 4-189 所示。

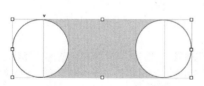

图 4-188　选中两个及以上的元件

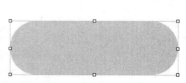

图 4-189　合并元件

2．去除

选中两个及以上的元件，右击，在弹出的快捷菜单中选择"变换形状＞去除"命令，去除效果如图4-190所示。

3．相交

选中两个及以上的元件，右击，在弹出的快捷菜单中选择"变换形状＞相交"命令，相交效果如图4-191所示。

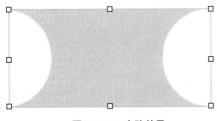

图 4-190 去除效果

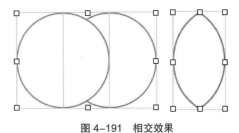

图 4-191 相交效果

4．排除

选中两个及以上的元件，右击，在弹出的快捷菜单中选择"变换形状＞排除"命令，排除效果如图4-192所示。

除了执行快捷命令完成元件的运算以外，用户还可以通过单击"样式"面板中的运算按钮完成元件的运算操作。选中两个及以上的元件后，"样式"面板中的运算按钮如图4-193所示。4个按钮分别代表合并、去除、相交和排除4种运算操作。

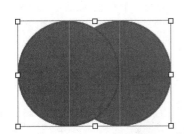

图 4-192 排除效果

图 4-193 "样式"面板中的运算按钮

课堂操作——制作 iOS 系统功能图标

扫码看视频

源文件：4-4-3.rp　　　**操作视频：**014.mp4

步骤 01 将"圆形"元件拖曳到页面中，如图4-194所示。将"矩形"元件拖曳到页面中，在"样式"面板中修改其圆角半径，如图4-195所示。

步骤 02 按住键盘上【Ctrl】键的同时向上拖曳鼠标复制一个矩形元件，如图4-196所示。将圆形元件和下方的矩形元件同时选中，单击"样式"面板上的"合并"按钮，如图4-197所示。

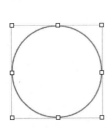

图 4-194 将"圆形"元件拖曳到页面中

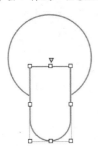

图 4-195 拖曳"矩形"元件并修改圆角半径

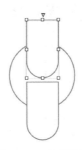

图 4-196 复制元件

图 4-197 单击"合并"按钮

步骤 03 合并效果如图4-198所示。将合并元件与上方的矩形元件同时选中，单击"样式"面板上的"去除"按钮，如图4-199所示。

步骤 04 去除效果如图4-200所示。将鼠标指针移动到元件控制点上，按住【Ctrl】键的同时拖曳旋转元件，如图4-201所示。

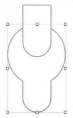  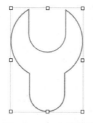 

图 4-198　合并效果　　图 4-199　单击"去除"按钮　　图 4-200　去除效果　　图 4-201　旋转元件

4.5　创建元件库

根据工作的需求，例如在与其他 UI 设计师合作某个项目时，为保证项目的一致性和完成性，设计师需要创建一个自己的元件库。

4.5.1　新建元件库

执行"文件 > 新建元件库"命令，如图 4-202 所示。即可打开新建元件库工作界面，如图 4-203 所示。

 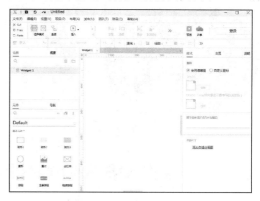

图 4-202　新建元件库　　　　　　　　　图 4-203　新建元件库工作界面

新建元件库的工作界面和项目文件的工作界面基本一致。区别在于以下几点。

● 新建元件库工作界面的左上角位置显示当前元件库的名称，而不是当前文件的名称，如图 4-204 所示。

● "页面"面板变成"元件"面板，更方便新建与管理元件库，如图 4-205 所示。

● "样式"面板中将显示新建元件的图标属性，如图 4-206 所示。用户可以为元件设置不同的尺寸以适用于不同屏幕尺寸的设备中。

图 4-204　显示当前元件库的名称　　　　图 4-205　"页面"面板变成"元件"面板　图 4-206　"样式"面板

课堂操作——创建图标元件库

源文件: 4-5-1.rp　　　　操作视频: 015.mp4

步骤 01 执行"文件>新建元件库"命令，工作界面如图4-207所示。单击工具栏上的"插入"按钮，在弹出的下拉列表中选择"图片"选项，将"素材\第4章\custom.png"图片插入页面，如图4-208所示。

图 4-207　工作界面

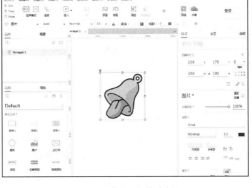

图 4-208　插入图片素材

步骤 02 在"元件"面板中修改元件名称为"铃声"，如图4-209所示。执行"文件>保存"命令，将元件库以"self.rplib"为文件名进行保存，如图4-210所示。

图 4-209　修改元件名称

图 4-210　保存元件库

步骤 03 新建一个Axure RP 9文件，单击"元件"面板上的"添加元件库"按钮，选择"self.rplib"文件，"元件"面板如图4-211所示。选中"铃声"元件，将其拖曳到页面中，如图4-212所示。

图 4-211　"元件"面板

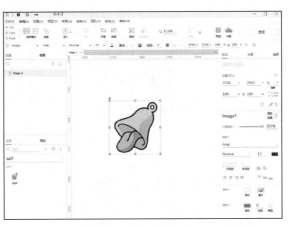

图 4-212　将"铃声"元件拖曳到页面中

在新建元件时，为了使新建的元件库能够适配不同尺寸的屏幕，Axure RP 9 为每一个元件都提供了不同的图标样式。

默认情况下，将使用"使用缩略图"样式，如图 4-213 所示，在不同尺寸的屏幕上缩放元件尺寸显示元件效果。

用户也可以选择使用"自定义图标"样式，如图 4-214 所示，分别指定 28×28 和 56×56 两种尺寸的图标，使产品原型在不同尺寸的屏幕上被"浏览时"可选择不同尺寸的元件显示方式，以获得较好的显示效果。

图 4-213　使用缩略图

图 4-214　自定义图标

4.5.2　编辑元件库

单击"元件"面板中的"选项"按钮，如图 4-215 所示。在弹出的下拉列表中选择"编辑元件库"选项，如图 4-216 所示。

图 4-215　单击"选项"按钮

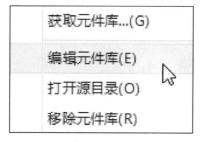
图 4-216　选择"编辑元件库"选项

用户可以在打开的元件库编辑界面中编辑元件库，如图 4-217 所示。编辑完成后，执行"文件 > 保存"命令，保存元件库文件，完成元件库的编辑，如图 4-218 所示。

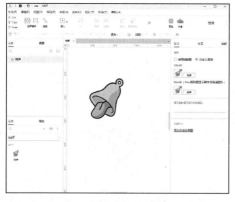
图 4-217　编辑元件库

图 4-218　完成编辑

单击"元件"面板中的"选项"按钮，在弹出的下拉列表中选择"打开源目录"选项，将打开元件库文件的存储地址。用户可以将元件库文件复制到另外一台设备的相同目录下，实现元件库的共享。选择"移除元件库"选项，可删除当前选中的元件库。

4.5.3 添加图片文件夹

单击"元件"面板上的"添加图片文件夹"按钮，如图 4-219 所示。在弹出的"请选择需要在 Axure RP 中所使用图片的目录"对话框中选择文件夹，如图 4-220 所示。

单击"选择文件夹"按钮，即可将文件夹中的图片添加到"元件"面板中，文件夹添加效果如图 4-221 所示。

图 4-219　单击"添加图片文件夹"按钮　　　图 4-220　选择文件夹　　　图 4-221　文件夹添加效果

4.6　使用外部元件库

互联网上可以找到很多第三方元件库素材，Axure RP 9 允许用户载入并使用第三方元件库。

4.6.1　下载元件库

Axure 官方网站也为用户准备了很多实用的元件库。单击"元件"面板上的"选项"按钮，在弹出的下拉列表中选择"获取元件库"选项，如图 4-222 所示。即可弹出 Axure 官方网站页面，如图 4-223 所示。

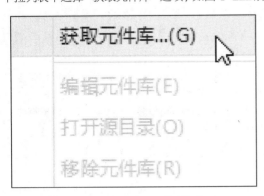 

图 4-222　选择"获取元件库"选项　　　　图 4-223　Axure 官方网站页面

在页面中选择并下载 iOS 系统元件库，下载后的元件库文件扩展名为".rplib"，如图 4-224 所示。

4.6.2　载入元件库

下载元件库文件后，单击"元件"面板上的"添加元件库"按钮，如图 4-225 所示。在弹出的"打开"对话框中选择下载的元件库文件，如图 4-226 所示。

单击"打开"按钮，"元件"面板效果如图 4-227 所示。将元件拖曳到页面中，如图 4-228 所示。

图 4-224　元件库文件

图 4-225　单击"添加元件库"按钮

图 4-226　选择下载的元件库文件

图 4-227　"元件"面板效果

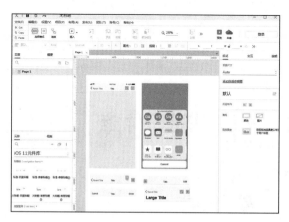

图 4-228　将元件拖曳到页面中

4.7　使用概要面板

　　一个产品原型项目中通常会包含很多元件，元件之间会出现叠加或者遮盖，这就给用户的操作带来了麻烦。在 Axure RP 9 中，用户可以在"概要"面板中管理元件，如图 4-229 所示。

　　"概要"面板中将显示当前页面中所有的元件，单击面板中的元件选项，页面中对应的元件被选中；选中页面中的元件，面板中对应的选项也会被选中，如图 4-230 所示。

图 4-229　"概要"面板

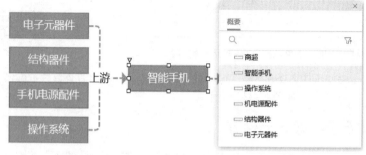

图 4-230　选中元件

　　单击面板右上角的"排序与筛选"按钮，弹出图 4-231 所示下拉列表，用户可以根据需要选择显示的内容。用户可以在面板顶部的搜索文本框中输入想要查找的元件名，找到想找的对象，如图 4-232 所示。

图 4-231　下拉列表　　　　　　　图 4-232　搜索元件

4.8 本章小结

本章中主要讲解了 Axure RP 9 中元件和元件库的使用方法和技巧，并针对每一个默认元件进行了详细的讲解，帮助读者理解和使用。通过学习，读者可以完成基本的页面制作和页面设置操作。同时本章讲解了自定义元件库和使用第三方元件库的方法。

4.9 课后练习——设计制作注册页原型

掌握 Axure RP 9 中元件和元件库的使用方法后，读者可以综合使用多个元件完成原型页面的制作。接下来将设计制作一个注册页的原型。

步骤 01 启动 Axure RP 9 软件，设置图 4-233 所示的页面尺寸。

步骤 02 将"图片"元件拖曳到页面中并导入背景素材图片，如图 4-234 所示。

扫码看视频

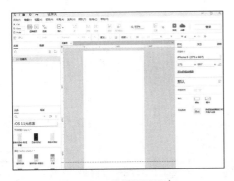

图 4-233　设置页面尺寸

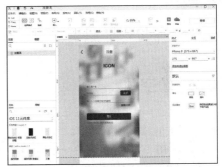

图 4-234　制作页面背景

步骤 03 使用标题元件和文本标签元件完成登录框的制作，如图 4-235 所示。

步骤 04 使用按钮元件制作发送按钮和提交按钮，使用文本标签元件完善页面，如图 4-236 所示。

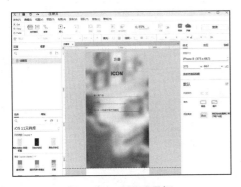

图 4-235　制作登录框

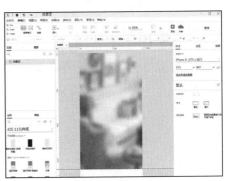

图 4-236　制作按钮

4.10 课后测试

完成本章内容的学习后，通过几道课后习题测验读者对 Axure RP 9 相关知识的学习效果，同时加深读者对所学知识的理解。

4.10.1 选择题

1. 下列选项中不属于 Axure RP 9 元件种类的是（　　）。
A. 基本元件
B. 表单元件
C. 交互元件
D. 标记元件

2. Axure RP 9 一共提供了（　　）个基本元件。
A. 20
B. 18
C. 15
D. 22

3. 选择"矩形"元件，拖曳元件左上角的（　　）三角形，可以将其更改为圆角矩形。
A. 绿色
B. 黄色
C. 蓝色
D. 橙色

4. 下列选项中不属于元件运算的是（　　）。
A. 合并
B. 去除
C. 相交
D. 组合

4.10.2 填空题

1. 在"元件"面板中选择要使用的元件，然后_____，将其_____，即可完成将当前元件添加到页面的操作。

2. Axure RP 9 一共提供了 3 个矩形元件，分别命名为_____、_____和_____。

3. 在 Axure RP 9 中可以使用_____工具和_____工具对图片元件进行操作。

4. 双击"内联框架"元件，弹出_____对话框，用户可以在该对话框中选择链接项目中的_____和绝对地址的_____。

5. 表单元件主要包括_____、_____、_____、_____、_____和_____。

4.10.3 操作题

根据本章所学内容，设计制作登录页原型。

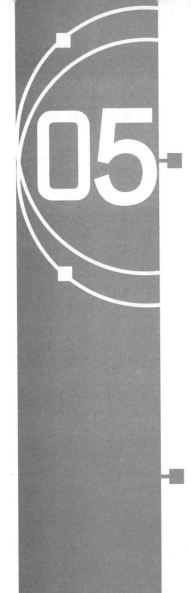

第 5 章
元件的样式和交互

通过设置元件的属性，可以将元件设置成符合页面要求的样式。这是完成高仿真原型的基础。页面交互和元件交互的应用，能够建立逼真的项目结构和完整的浏览流程，从而能帮助设计师和程序人员等理解项目内容。本章将针对元件属性、样式的应用、页面交互和元件交互进行讲解。

本章知识点

- 掌握设置元件属性的方法
- 掌握创建并应用页面样式的方法
- 掌握创建并应用元件样式的方法
- 掌握交互面板的使用方法
- 掌握为页面添加交互的方法
- 掌握为元件添加交互的方法

5.1 设置元件的属性

用户可以在"样式"面板设置元件的各种属性，包括设置元件的位置和尺寸、不透明性、填充、线段、阴影、圆角、边距和排版。

提示： 正确地设置元件属性，除了可以起到美化元件的作用外，还可以大大提高工作效率。对于页面中大量相似元素的制作与修改，也能起到很好的作用。

通过设置元件的位置和尺寸，可以准确地控制元件在页面中的位置和大小，如图 5-1 所示。

用户可以在 X 文本框和 Y 文本框中输入数值，更改元件的坐标值。在 W 文本框和 H 文本框中输入数值，控制元件的尺寸。单击"锁定宽高比例"按钮 🔒，当修改 W 文本框或 H 文本框的数值时，对应的 H 文本框或 W 文本框的数值将等比例改变。在"旋转"文本框中输入数值，将实现元件的精确旋转。

单击"隐藏"按钮 ，将隐藏选中元件；再次单击该按钮，将显示该隐藏元件。用户也可以在工具栏中找到该按钮，其功能和操作方式与"样式"面板中的"隐藏"按钮一致，如图 5-2 所示。

用户可以在"样式"面板中对元件的各种属性进行设置。选中元件后，用户可以在"样式"面板中逐一进行设置，如图 5-3 所示。

Axure RP 9 互联网产品原型设计（慕课版）

图 5-1 位置和尺寸

图 5-2 工具栏中的"隐藏"按钮

图 5-3 设置元件属性

在元件上右击，在弹出的快捷菜单中选择"锁定 > 锁定位置和尺寸"命令，如图 5-4 所示。元件将被锁定，不能移动其位置和调整大小。选择"锁定 > 取消锁定位置和尺寸"命令，如图 5-5 所示。元件将恢复为普通模式，用户可以对其实现移动和缩放操作。

图 5-4 锁定位置和尺寸

图 5-5 取消锁定位置和尺寸

5.1.1 不透明性

用户可以通过拖曳"不透明性"选项后面的滑块或者在文本框中手动输入数值来修改元件不透明性的数值，获得不同的不透明性的元件效果，如图 5-6 所示。

提示： 在此处设置不透明性，将同时影响元件的填充和边框效果。如果元件内有文字，则文字也将受到影响。如果需要分开设置，用户可以在拾色器面板中设置不透明性。

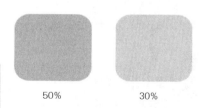

50%   30%

图 5-6 不同不透明性的元件效果

5.1.2 填充

在 Axure RP 9 中，用户可以使用"颜色"和"图片"两种方式填充，如图 5-7 所示。单击"颜色"图标，弹出拾色器面板，如图 5-8 所示。

Axure RP 9 一共提供了单色、线性和径向 3 种填充类型，如图 5-9 所示。用户可以在拾色器面板单击选择不同的填充方式。

图 5-7 填充方式

图 5-8 拾色器面板

图 5-9 3 种填充类型

选择单色填充模式，用户可以在拾色器面板中如图 5-10 所示位置设置颜色值，获得想要的颜色。用户可以输入 Hex 数值和 RGB 数值两种模式的颜色值指定填充颜色，也可以使用吸管工具吸取想要的颜色作为填充颜色。

图 5-10 设置颜色值

用户可以通过单击拾色器面板"色彩空间"或"颜色选择器"按钮，选择不同的方式填充颜色，如图 5-11 所示。

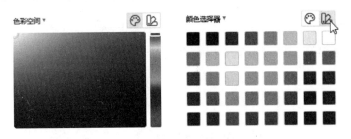

图 5-11 选择不同的方式填充颜色

用户可以拖曳滑块或者在文本框中输入数值设置颜色的半透明效果，如图 5-12 所示。滑块在最左侧或数值为 0% 时，填充颜色为完全透明；滑块在最右侧或数值为 100% 时，填充颜色为完全不透明。

图 5-12 设置颜色的半透明效果

单击拾色器面板"收藏"下的 + 图标，即可将当前所选元件的颜色收藏，如图 5-13 所示。在想要删除的收藏颜色上右击，选择"删除"选项，即可删除收藏颜色，如图 5-14 所示。

图 5-13 收藏颜色

图 5-14 删除收藏颜色

为了便于用户比较使用，拾色器面板"最近"下保留着用户最近使用的 16 种颜色，如图 5-15 所示。当用户选择一种颜色后，在拾色器面板"建议"下将会提供 8 种颜色供用户搭配使用，如图 5-16 所示。

图 5-15 最近使用的颜色

图 5-16 建议使用颜色

当用户选择"线性"填充时，用户可以在拾色器面板顶部的渐变条上设置线性填充的效果，渐变条如图 5-17 所示。

图 5-17 渐变条

默认情况下，线性渐变有 2 种颜色，用户可以通过分别单击渐变条两侧的锚点，设置颜色调整渐变效果，如图 5-18 所示。用户也可以在渐变条的任意位置单击添加锚点，设置颜色，实现更为丰富的线性渐变效果，如图 5-19 所示。

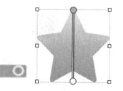

图 5-18　设置颜色调整渐变效果

图 5-19　添加线性渐变颜色

> **提示：** 在调整线性渐变颜色时，选中的锚点会在元件上显示为绿色，未被选中的将显示为白色。

按住鼠标左键拖曳锚点，可以实现不同比例的线性渐变填充效果，如图 5-20 所示。

图 5-20　拖曳调整填充比例

单击选中渐变条中的锚点，按【Delete】键或者按住鼠标左键向下拖曳，即可删除锚点。

单击右侧的"旋转"按钮，可以顺时针 90°、180° 和 270° 旋转线性填充效果，如图 5-21 所示。

图 5-21　旋转线性填充效果

用户如果想要获得任意角度的线性渐变效果，可以直接单击并拖曳元件上的两个控制点，如图 5-22 所示。

当用户选择"径向"填充时，将实现从中心向外的填充效果，如图 5-23 所示。用户可以在拾色器面板顶部的渐变条上设置径向填充的效果，如图 5-24 所示。

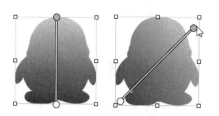

图 5-22　拖曳调整渐变角度

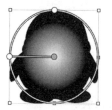

图 5-23　径向填充

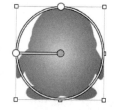

图 5-24　设置填充效果

拖曳图 5-25 所示的锚点，可以放大或缩小径向渐变的范围。拖曳中心的锚点，能够调整径向渐变的中心点，如图 5-26 所示。拖曳图 5-27 所示锚点，调整变形，能够实现变形径向渐变的效果。

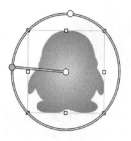

图 5-25　调整范围

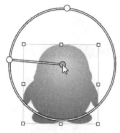

图 5-26　调整中心点

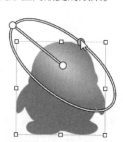

图 5-27　调整变形

提示： 由于 Axure RP 9 在不断地更新和完善，某些版本中无法实现拖曳调整渐变范围的操作。读者可以尝试更换不同版本使用。

除了使用颜色填充元件以外，用户也可以使用图片填充元件。单击"图片"图标，弹出图 5-28 所示的面板。选择图片，设置对齐和重复方式，即可完成图片的填充，图片填充效果如图 5-29 所示。

图 5-28　图片填充面板　　　　　　　　　图 5-29　图片填充效果

提示： 颜色填充和图片填充可以同时应用到一个元件上，图片填充效果会覆盖颜色填充效果。当图片填充采用透底图片素材时，颜色填充才能显示出来。

链接： 关于图片填充的使用方法，在本书的 3.4.3 节中有详细介绍，此处不赘述。

5.1.3　线段

用户可以在"样式"面板"线段"选项下设置线段的颜色、线宽、类型、可见性和箭头样式等属性，如图 5-30 所示。

选中元件，单击"颜色"图标，用户可以在弹出的拾色器面板中为线段指定单色和渐变颜色，如图 5-31 所示。线宽设置为 0 时，线段设置的颜色将不能显示。

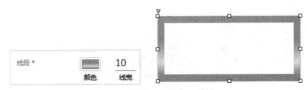

图 5-30　设置线段属性　　　　　　　　图 5-31　为线段指定单色和渐变颜色

Axure RP 9 一共提供了包括"None"在内的 9 种线段类型供用户选择，如图 5-32 所示。选择元件，单击"类型"图标，在弹出的下拉列表中任意选择一种线段类型，如图 5-33 所示。

图 5-32　线段类型　　　　　　　　　图 5-33　选择一种线段类型

元件通常有四边框,用户可以通过设置"可见性",有选择地显示元件的线框,实现更丰富的元件效果。

课堂操作——实现下画线效果

源文件: 5-5-1.rp	操作视频: 016.mp4

步骤 01 将"文本标签"元件拖曳到页面中,修改文本内容并排列整齐,"文本标签"元件效果如图5-34所示。选中顶部文本标签,设置线宽为2,颜色为红色,设置可见性如图5-35所示。

图 5-34 "文本标签"元件效果　　图 5-35 设置可见性(1)

步骤 02 在文本前添加空格,设置效果如图5-36所示。选中第2个文本标签,设置线宽为1,颜色为黑色,设置可见性如图5-37所示,设置效果如图5-38所示。

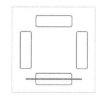

图 5-36 设置效果(1)　　图 5-37 设置可见性(2)　　图 5-38 设置效果(2)

步骤 03 使用相同的方法完成其他几个文本标签下画线的制作,如图5-39所示。拖曳调整每一个文本标签的长度,如图5-40所示。

图 5-39 完成其他下画线的制作　　图 5-40 调整文本标签长度

5.1.4 阴影

Axure RP 9为用户提供了"外部"阴影和"内部"阴影两种阴影属性。单击"阴影"选项后面的"外部"按钮,弹出图5-41所示的面板。勾选"阴影"复选框,元件增加外部阴影效果,如图5-42所示。

图 5-41 外部阴影面板　　图 5-42 外部阴影效果

用户可以设置阴影的颜色、偏移、模糊和扩展属性。偏移值为正值时,阴影在元件的右侧;偏移值为负值时,阴影在元件的左侧。模糊值越高,阴影羽化效果越明显。

单击"阴影"选项后面的"内部"按钮,在弹出的面板中勾选"阴影"复选框,如图5-43所示。元

98

件内部阴影效果如图 5-44 所示。

图 5-43　内部阴影面板

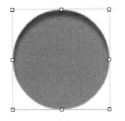
图 5-44　内部阴影效果

用户可以通过设置颜色、偏移、模糊和扩展属性，实现更多丰富的内部阴影效果；通过设置扩展值，获得不同范围的内部阴影效果。

5.1.5　圆角

当选择矩形元件、图片元件和按钮元件等元件时，可以在"圆角"选项下"半径"文本框中输入半径值，创建圆角矩形，如图 5-45 所示。

图 5-45　创建圆角矩形

单击"可见性"按钮，弹出图 5-46 所示的面板。4 个矩形分别表示矩形元件的 4 个边角的圆角效果是否可见。用户可以通过单击矩形显示或隐藏圆角边角效果，如图 5-47 所示。

图 5-46　可见性

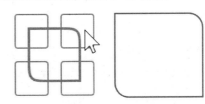
图 5-47　设置圆角边角效果的可见性

5.1.6　边距

当用户在元件中输入文本时，为了获得好的视觉效果，Axure RP 9 会默认添加 2 像素的边距，如图 5-48 所示。通过修改"样式"面板中"边距"的数值，实现对文本边距的修改，如图 5-49 所示。

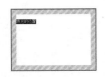
图 5-48　默认边距

图 5-49　设置边距数值

用户可以分别设置左侧、顶部、右侧和底部的边距，实现丰富的元件效果。

5.1.7　排版

除了双击元件为其添加文本以外，在元件上右击，在弹出的快捷菜单中选择"填充乱数假文"命令，如图 5-50 所示，也能完成文本的添加，如图 5-51 所示。双击文本或选择快捷菜单中的"编辑文本"命令，可以进入文本的编辑模式。

图 5-50　执行命令

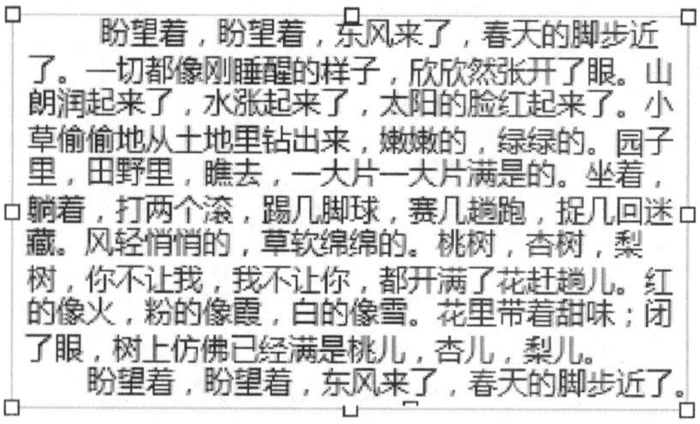

盼望着，盼望着，东风来了，春天的脚步近了。一切都像刚睡醒的样子，欣欣然张开了眼。山朗润起来了，水涨起来了，太阳的脸红起来了。小草偷偷地从土地里钻出来，嫩嫩的，绿绿的。园子里，田野里，瞧去，一大片一大片满是的。坐着，躺着，打两个滚，踢几脚球，赛几趟跑，捉几回迷藏。风轻悄悄的，草软绵绵的。桃树，杏树，梨树，你不让我，我不让你，都开满了花赶趟儿。红的像火，粉的像霞，白的像雪。花里带着甜味；闭了眼，树上仿佛已经满是桃儿，杏儿，梨儿。
盼望着，盼望着，东风来了，春天的脚步近了。

图 5-51　填充文本

Axure RP 9 为文本提供了丰富的文本属性。在"样式"面板"排版"选项下，用户可以完成对文本的字体、字形、字号、颜色、行间距和字间距等的设置，如图 5-52 所示。

单击"Arial"，用户可以在弹出的"WEB 安全字体"下拉列表中选择字体，如图 5-53 所示。单击"Normal"，用户可以在弹出的下拉列表中选择适合的字形，如图 5-54 所示。

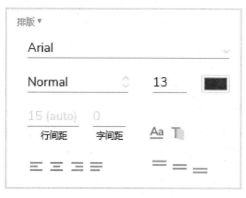

图 5-52　排版属性

图 5-53　选择字体

图 5-54　选择字形

用户可以在字号文本框中输入数值控制文本的字号大小。单击色块，可以在弹出的拾色器面板中设置文本的颜色。

1. 行间距

当使用文本段落元件时，可以通过设置行间距控制段落显示的效果，行间距分别为 10 和 20 的效果如图 5-55 所示。

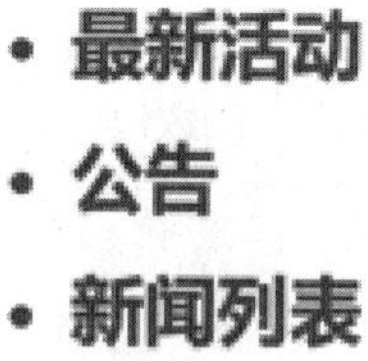

- **最新活动**
- **公告**
- **新闻列表**

图 5-55　设置不同行间距的效果

2. 字间距

当使用标题元件、文本标签元件和文本段落元件时，可以通过设置字间距使文本更美观，字间距分别为 10 和 20 的效果如图 5-56 所示。

图 5-56　设置不同字间距的效果

3．附加文本选项

单击"附加文本选项"按钮，弹出图5-57所示面板。用户可以在该面板中完成项目符号、粗体、斜体、下画线、删除线、基线和字母的设置。

单击"项目符号"按钮，会为段落文本添加项目符号标志。图5-58所示为添加项目符号的文本效果。

图5-57 "附加文本选项"面板　　　图5-58　添加项目符号的文本效果

单击"粗体"按钮，文本将加粗显示；单击"斜体"按钮，文本将倾斜显示；单击"下画线"按钮，文本将添加下画线效果；单击"删除线"按钮，文本将添加删除线效果，如图5-59所示。

用户可以在"基线"列表中选择常规、上标和下标选项，完成图5-60所示效果。用户可以在"字母"列表中选择选项，将元件中的英文字母显示为大写或小写形式，如图5-61所示。

粗体 *斜体* 下画线 ~~下画线~~　　　32^2 H_2O　　　

图5-59　其他附加文本选项　　　图5-60　文本基线效果　　图5-61 "字母"列表

4．文字阴影

单击"文字阴影"按钮，在弹出的对话框中勾选"阴影"复选框，可为文本添加外部阴影，如图5-62所示。

5．对齐

当使用标题元件、文本标签元件和文本段落元件时，可以单击"排版"选项下的"对齐"按钮，将文本的水平对齐方式设置为左侧对齐、居中对齐、右侧对齐和两端对齐，如图5-63所示。文本的垂直对齐方式可以设置为顶部对齐、中部对齐和底部对齐，如图5-64所示。

图5-62　为文本添加外部阴影　　　图5-63　水平对齐　　图5-64　垂直对齐

5.2　创建和管理样式

一个原型作品通常由很多页面组成，每个页面又由很多元件组成。逐个设置元件样式既费力又不便于修改。Axure RP 9为用户提供了页面样式和元件样式，既方便用户快速添加样式又便于修改。

5.2.1　创建页面样式

在页面的空白处单击，"样式"面板中显示当前页面的样式为"默认"，如图5-65所示。单击"管理页面样式"按钮 ✍，在弹出的"页面样式管理"对话框中可以看到默认样式的各项参数，如图5-66所示。

图 5-65　默认页面样式

图 5-66　"页面样式管理"对话框

用户可以在该对话框中对页面的页面排列、颜色、图片、图片对齐、重复和低保真度样式进行设置。

链接： 关于页面样式的创建与使用，在本书 3.4.5 节中有详细介绍。

5.2.2　创建元件样式

将"圆形"元件拖曳到页面中，"样式"面板中显示其样式为"Ellipse"，如图 5-67 所示。单击"管理元件样式"按钮 ，弹出"元件样式管理"对话框，对话框左侧为 Axure RP 9 默认提供的 11 种元件样式，右侧是元件样式对应的样式属性，如图 5-68 所示。

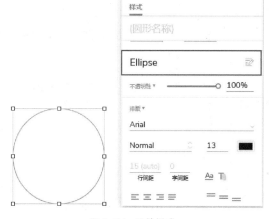

图 5-67　元件样式

图 5-68　"元件样式管理"对话框

提示： 选中元件，用户除了可以在"样式"面板中应用和管理元件样式外，还可以在工具栏的最左侧位置应用和管理样式。

勾选"填充颜色"前面的复选框，修改填充颜色为橙色，如图 5-69 所示，即可完成元件样式的编辑修改。单击"确定"按钮，默认的"图形"元件将变成橙色，样式修改效果如图 5-70 所示。

图 5-69　修改填充颜色

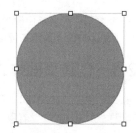

图 5-70　样式修改效果

课堂操作——创建并应用文本样式

源文件: 5-2-2.rp	操作视频: 017.mp4

步骤 01 单击工具栏左侧"管理元件样式"按钮,弹出"元件样式管理"对话框,如图5-71所示。单击"添加"按钮新建一个新的样式,如图5-72所示。

图 5-71 "元件样式管理"对话框 　　　　　图 5-72 添加一个新的样式

步骤 02 修改样式名称为"标题文字16",分别在对话框右侧修改字体和字号,如图5-73所示。单击"复制"按钮,将"标题文字16"样式进行复制并将新样式名称修改为"标题文字14",如图5-74所示。

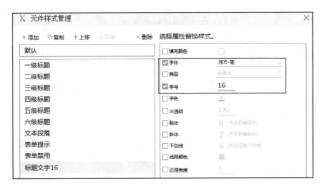

图 5-73 修改字体和字号 　　　　　图 5-74 复制样式

步骤 03 在对话框右侧修改字号、类型、对齐和垂直对齐属性,如图5-75所示。单击"添加"按钮,新建一个名称为"正文12"的样式并设置其样式属性,如图5-76所示。

图 5-75 修改样式属性 　　　　　图 5-76 新建样式

步骤 04 单击"确定"按钮，完成样式的设置。使用"文本标签"元件制作图5-77所示的页面。分别对3个元件应用3个新建样式，应用样式效果如图5-78所示。

图 5-77 使用元件制作页面

图 5-78 应用样式效果

标题元件和文本元件应用新样式后，"样式"面板中样式名称后会出现一个"*"图标，如图5-79所示。单击"创建"选项即可将当前文本样式复制为一个新的样式；单击"更新"选项即可将原文本元件样式替换为新样式，如图 5-80 所示。

图 5-79 "样式"面板

图 5-80 替换为新样式

> **提示：** 用户可以通过执行"项目>元件样式管理器"命令或"项目>页面样式管理器"命令打开元件样式管理器或页面样式管理器。

5.2.3 编辑样式

样式创建完成后，如果需要修改样式，可以再次单击"管理元件样式"按钮，在"元件样式管理"对话框中编辑样式，如图 5-81 所示。

图 5-81 "元件样式管理"对话框

- 添加 ＋添加：单击该选项，将新建一个样式。
- 复制 ▢复制：单击该选项，将复制选中的样式。
- 删除 ✕删除：单击该选项，将删除选中的样式。
- 上移 ↑上移 / 下移 ↓下移：单击该选项，所选样式将向上或向下移动一级。
- 复制 复制 ：单击该按钮，将复制当前样式的属性到内存中；选择另一个样式再次单击该按钮，将会使用复制的属性替换该样式的属性。

> **提示：** 一个样式可能被同时应用在多个元件上，当修改了该样式的属性后，应用了该样式的元件将同时发生变化。

5.3 了解交互面板

按照应用对象的不同，Axure RP 9 中的交互可以分为页面交互和元件交互两种。在未选中任何元件的情况下，用户可以在"交互"面板中添加页面的交互效果，如图 5-82 所示。

选择一个元件，用户可以在"交互"面板中添加元件的交互效果，如图 5-83 所示。为了便于在添加交互效果的过程中管理元件，用户应在"交互"面板顶部为元件指定名称，如图 5-84 所示。

图 5-82 添加页面的交互效果

图 5-83 添加元件的交互效果

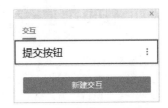

图 5-84 为元件指定名称

> **提示：** 用户在"交互"面板中为元件指定名称后，"样式"面板顶部也将显示该元件名称。同样，在"样式"面板中设置的元件名称也将显示在"交互"面板中。

单击"新建交互"按钮，用户可以在弹出的下拉列表中为页面或者元件选择交互触发的事件，如图 5-85 所示。单击"交互"面板右下角的 ◰ 按钮，弹出"交互编辑器"对话框，如图 5-86 所示。Axure RP 9 中的所有交互操作都可以在该对话框中完成。

图 5-85 选择交互触发的事件

图 5-86 "交互编辑器"对话框

元件"交互"面板底部有 3 种常用交互按钮，如图 5-87 所示。单击某个按钮即可快速完成元件交互的制作，如图 5-88 所示。

图 5-87　常用交互按钮

图 5-88　制作元件交互

5.4　添加页面交互

将页面想象成舞台，页面交互事件就是在幕布拉开的时刻向用户呈现的效果。需要注意的是，在原型中创建的交互命令由浏览器来执行，也就是说页面交互效果需要"预览"才能看到。

在页面中空白位置单击，单击"交互"面板中的"新建交互"按钮或者打开"交互编辑器"对话框，可以看到页面触发事件如图 5-89 所示。

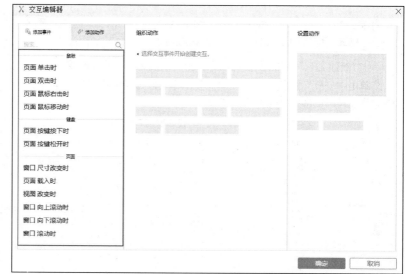

图 5-89　页面触发事件

触发事件可以理解为产生交互的条件，例如当页面载入时将会如何，当窗口滚动时将会如何。而将会发生的事情就是交互事件的动作。

单击"页面载入时"选项，"交互"面板将自动弹出添加动作列表，如图 5-90 所示。"交互编辑器"对话框中将把触发事件添加到"组织动作"工作区并自动激活"添加动作"选项，如图 5-91 所示。

图 5-90 "交互"面板

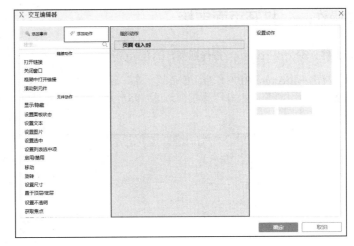

图 5-91 "交互编辑器"对话框

页面交互链接动作包括打开链接、关闭窗口、框架中打开链接和滚动到元件 4 个选项，下面逐一进行讲解。

5.4.1 打开链接

选择"打开链接"动作后，用户将继续设置动作，设置链接页面和链接打开窗口，如图 5-92 所示。

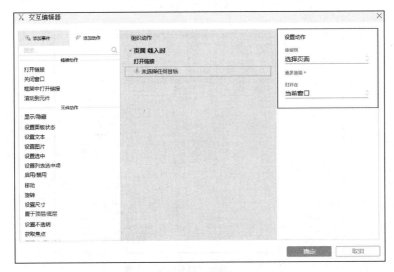

图 5-92 设置动作

单击"选择页面"选项，用户可以在弹出的下拉列表中选择打开项目页面、链接到 URL 或文件路径、重新载入当前页面和返回上一页 4 种选项，如图 5-93 所示。

单击"当前窗口"选项，用户可以在弹出的下拉列表中选择使用当前页面、新窗口 / 新标签、弹出窗口或父级窗口打开页面，如图 5-94 所示。

图 5-93 选择页面

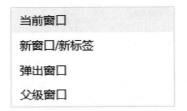

图 5-94 打开页面

课堂操作——打开页面链接

源文件: 5-2-2.rp   **操作视频:** 018.mp4

步骤 01 新建一个Axure RP 9文件。单击"交互"面板上的"新建交互"按钮,在弹出的下拉列表中选择"页面载入时"选项,如图5-95所示。在弹出的下拉列表中选择"打开链接"选项,如图5-96所示。

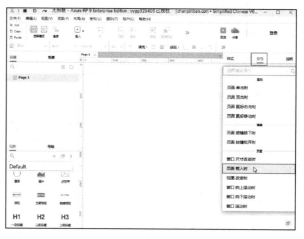

图 5-95 选择"页面载入时"选项

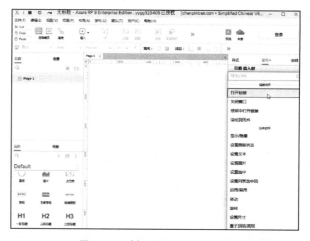

图 5-96 选择"打开链接"选项

步骤 02 选择"链接到URL或文件路径"选项,如图5-97所示。在文本框中输入URL,如图5-98所示。

图 5-97 选择"链接到 URL 或文件路径"选项

图 5-98 输入 URL

步骤 03 在更多选项中设置"打开在"为"弹出窗口",如图5-99所示。单击"完成"按钮。单击"预览"按钮,页面载入时弹出窗口效果如图5-100所示。

图 5-99 设置"打开在"为"弹出窗口"

图 5-100 弹出窗口效果

5.4.2 关闭窗口

选择"关闭窗口"动作后,将实现在浏览器打开时自动关闭当前浏览器窗口的操作,如图 5-101 所示。

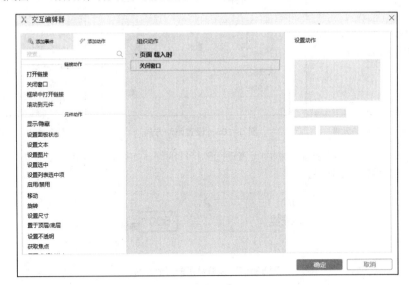

图 5-101 选择"关闭窗口"动作

5.4.3 框架中打开链接

使用"内联框架"元件可以实现多个子页面显示在同一个页面的效果。选择"框架中打开链接"动作后,打开图 5-102 所示的面板。通过设置,实现更改框架链接页面的操作。用户可以"内联框架"和"父级框架"设置链接页面,如图 5-103 所示。

"内联框架"指当前页面中使用的框架。"父级框架"指两个以上的框架嵌套,也就是一个打开的页面中使用了框架,打开的页面称为父级框架。

链接: 关于"内联框架"元件的使用方法,在本书 4.2.1 节中有详细介绍。

图 5-102　打开面板　　　　　　　　　　　　　图 5-103　设置链接页面

5.4.4　滚动到元件

滚动到元件指的是页面打开时，自动滚动到指定的位置。这个动作可以用来制作"返回顶部"的效果。

用户首先要指定滚动到哪个元件，如图 5-104 所示。然后设置滚动的方向为"水平""垂直"或"不限"，如图 5-105 所示。单击"动画"选项下的"None"（无）选项，在弹出的下拉列表中可以选择一种动画方式，如图 5-106 所示。

图 5-104　指定滚动元件　　　　　图 5-105　设置滚动方向　　　　　图 5-106　设置动画方式

选择一种动画方式，可以在文本框中设置动画的持续时间，如图 5-107 所示。单击"确定"按钮，即可完成滚动到元件的交互效果。

图 5-107　设置动画的持续时间

> **提示：** 页面滚动的位置受页面长度的影响，如果页面不够长，则底部的对象无法实现滚动效果。

5.5　添加元件交互

选中页面中的元件后，单击"交互"面板中的"新建交互"按钮或者打开"交互编辑器"对话框，可以看到元件交互触发事件如图 5-108 所示。

元件触发事件有鼠标、键盘和形状 3 种，当用户使用鼠标操作、按住或松开键盘上的按键、元件本身发生变化，都可以实现不同的动作，如图 5-109 所示。

图 5-108　元件交互触发事件

图 5-109　元件触发事件

　　任意选择一种触发事件后，用户可以在"交互"面板或"交互编辑器"对话框中添加动作，如图 5-110 所示。

图 5-110　添加动作

　　Axure RP 9 提供了显示 / 隐藏、设置面板状态、设置文本、设置图片、设置选中、设置列表选中项、启用 / 禁用、移动、旋转、设置尺寸、置于顶层 / 底层、设置不透明、获取焦点和展开 / 折叠树节点 14 种元件动作供用户使用，接下来逐一进行讲解。

5.5.1 显示 / 隐藏

单击"交互编辑器"对话框左侧的"显示 / 隐藏"动作，在弹出的面板中选择应用该动作的元件，如图 5-111 所示。如果没有在弹出的面板中选择元件，用户也可以在右侧"目标"选项下选择要应用的元件，如图 5-112 所示。

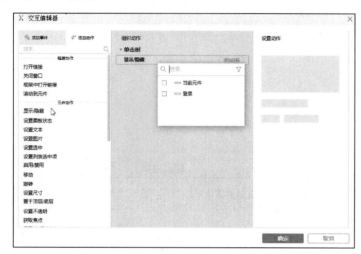

图 5-111　选择应用动作的元件

图 5-112　选择要应用的元件

> **提示：** 由此可见，当页面中包含多个相同元件时，为每个元件指定不同的名称是非常必要的。

用户可以在"交互编辑器"对话框右侧"设置动作"选项下设置显示/隐藏元件等动作，如图 5-113 所示。

1. 显示

单击"显示"按钮，可将元件设置为显示状态。用户可以在"动画"选项下的下拉列表中选择一种动画形式，并在时间文本框中输入动画持续的时间，如图 5-114 所示。在"更多选项"下可以选择更多的显示方式，如图 5-115 所示。

图 5-113　设置动作

图 5-114　设置动画选项

图 5-115　更多选项

勾选"置于顶层"复选框，动画效果将出现在所有对象上方。能避免被其他元件遮挡、看不到完整动画效果。

- 灯箱效果：允许用户设置一个背景颜色，实现类似灯箱的效果。
- 弹出效果：选中此选项，将自动结束触发时间。
- 推动元件：将触发事件的元件向一个方向推动。

2. 隐藏

单击"隐藏"按钮，可以将元件设置为隐藏状态。还可以设置隐藏动画效果和持续时间，如图 5-116 所示。在"更多选项"下拉列表中选择"拉动元件"选项，可以实现元件向一个方向隐藏的动画效果，如图 5-117 所示。

图 5-116　设置隐藏动画效果和持续时间

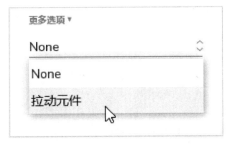

图 5-117　选择"拉动元件"选项

3. 切换

要实现"切换"可见性，需要使用两个以上的元件。用户可以分别设置显示动画和隐藏动画，其他设置与"隐藏"状态相同，此处不再一一介绍。

课堂操作——设计制作显示／隐藏图片

源文件： 5-5-1.rp　　　　**操作视频：** 019.mp4

步骤 01 新建一个Axure RP 9文件。将"主要按钮"元件拖曳到页面中并修改文本内容，如图5-118所示。使用矩形元件和文本元件创建图5-119所示的效果，单击工具栏上的"组合"按钮，将多个元件组合。

图 5-118　拖曳元件并修改文本内容　　　图 5-119　组合元件

步骤 02 在"样式"面板中分别指定两个元件的名称为"提交"和"菜单"，如图5-120所示。将"菜单"元件移动到图5-121所示的位置。单击"样式"面板上的"隐藏"按钮，将"菜单"元件隐藏，如图5-122所示。

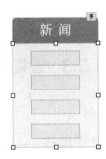

图 5-120　为元件指定名称　　　　图 5-121　移动元件　　　图 5-122　隐藏元件

步骤 03 选中"提交"元件，在"交互编辑器"对话框中添加"单击时"事件，选择"显示/隐藏"动作，设置动作如图5-123所示。单击"确定"按钮完成交互制作。单击"预览"按钮，预览效果如图5-124所示。

图 5-123　设置动作

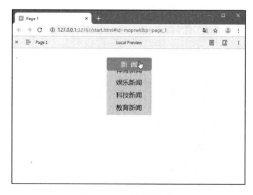

图 5-124　预览效果

5.5.2　设置面板状态

该动作主要针对"动态面板"元件。将"元件"面板中的"动态面板"元件拖曳到页面中，单击"交互"面板上的"新建交互"按钮或者在"交互编辑器"对话框中选择"鼠标移入时"事件，单击添加"设置面板状态"动作，设置好各项参数后，即可完成交互效果的制作，如图 5-125 所示。

图 5-125　设置面板状态

> **链接：** 关于"动态面板"的使用方法，在本书第 6 章中有详细介绍。

5.5.3　设置文本

"设置文本"动作可以实现为元件添加文本或修改元件文本内容的交互效果，下面通过一个案例详细讲解。

课堂操作——为元件添加文本

源文件： 5-5-3.rp　　**操作视频：** 020.mp4

步骤 01 新建一个 Axure RP 9 文件。将"矩形1"元件拖曳到页面中，如图5-126所示。在"样式"面板中设置其元件名为"文本框"，如图5-127所示。

扫码看视频

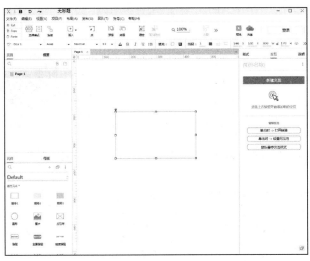

图 5-126　拖曳元件

图 5-127　设置元件名

步骤 02　在"交互编辑器"对话框中添加"鼠标移入时"事件后，添加"设置文本"动作，选择"文本框"元件，如图5-128所示。设置"值"为"此处显示正文内容"，如图5-129所示。

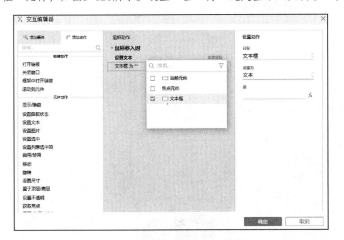

图 5-128　添加"设置文本"动作

图 5-129　设置元件值

步骤 03　单击"确定"按钮即可为元件添加交互效果，如图5-130所示。单击"预览"按钮，预览效果如图5-131所示。

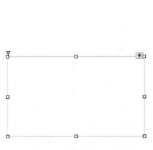

图 5-130　添加交互效果

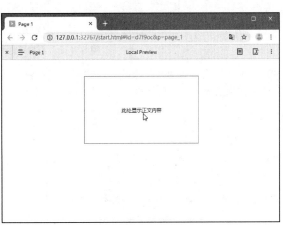

图 5-131　预览效果

5.5.4　设置图片

"设置图片"动作可以为图片指定不同状态的显示效果，下面通过一个案例进行讲解。

课堂操作——制作按钮交互状态

| 源文件：5-5-4.rp | 操作视频：021.mp4 |

步骤 01　新建一个Axure RP 9元件。将"图片"元件拖曳到页面中，设置其元件名为"提交"，如图5-132所示。在"交互编辑器"对话框中添加"单击时"事件，添加"设置图片"动作，选择"提交"元件，如图5-133所示。

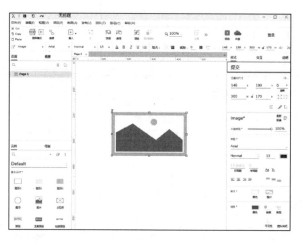

图 5-132　设置元件名为"提交"

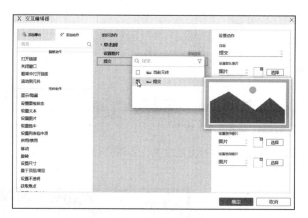

图 5-133　添加事件和动作

步骤 02　单击"设置默认图片"选项后的"选择"按钮，添加默认图片，如图5-134所示。继续使用相同的方法设置鼠标悬停图片和鼠标按下图片，如图5-135所示。

图 5-134　添加默认图片

图 5-135　添加其他图片

步骤 03 单击"确定"按钮,完成元件交互效果的制作。单击"预览"按钮,预览效果如图5-136所示。

图 5-136　预览效果

5.5.5　设置选中

使用该动作可以设置元件是否为选中状态,其通常是为了配合其他事件而设置的状态。"设置"下拉列表中有值、变量值、选中状态和禁用状态 4 个选项,如图 5-137 所示。

要想使用该动作,元件本身必须具有选中选项或使用了如"设置图片"等动作。例如为一个按钮元件设置选中动作,则该元件在预览时将显示为选中状态。

5.5.6　设置列表选中项

该动作主要被应用于"下拉列表"元件和"列表框"元件。用户可以通过"设置列表选中项"动作,来设置当单击列表元件时,列表中的哪个选项被选中。

图 5-137　"设置"下拉列表

5.5.7　启用 / 禁用

用户可以使用该动作设置元件的使用状态为启用或禁用,也可以设置当满足某种条件时,元件被启用或禁用。该动作通常为了配合其他动作而使用。

5.5.8　移动

使用"移动"动作可以实现元件移动的效果,下面通过一个案例详细讲解。

课堂操作——设计制作切换案例

源文件: 5-5-3.rp　　　　**操作视频:** 022.mp4

步骤 01 使用"矩形2"元件和"主要按钮"元件创建图5-138所示的页面效果。选择"主要按钮"元件,为其添加"单击时"事件,如图5-139所示。

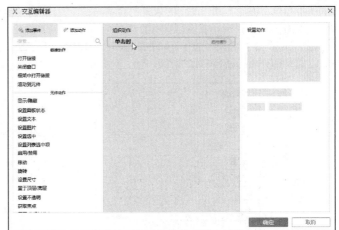

图 5-138　页面效果　　　　　　　　　　图 5-139　添加"单击时"事件

步骤 02 单击"移动"动作，勾选"矩形2"复选框，设置移动动作参数如图5-140所示。单击"确定"按钮，预览效果如图5-141所示。

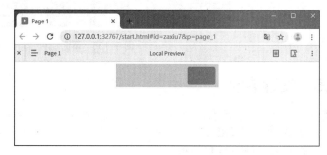

图 5-140　设置移动动作参数　　　　　　　　　　　图 5-141　预览效果

用户可以选择设置"移动"方式为"经过"或"到达"，在文本框中输入移动的坐标位置。选择如图 5-142 所示的动画效果，在时间文本框中输入持续时间。可以通过为"移动"动作设置边界，控制元件移动的界限，如图 5-143 所示。

图 5-142　设置动画效果　　　　　　　　　图 5-143　设置边界

5.5.9　旋转

该动作可以实现元件旋转效果。用户可以在"设置动作"选项下设置元件旋转的角度、方向、锚点、锚点偏移和动画等，效果如图 5-144 所示。

5.5.10　设置尺寸

使用"设置尺寸"动作可以为元件指定一个新的尺寸。用户可以在尺寸的文本框中输入当前元件的尺寸。单击"锚点"图形选择不同的中心点，锚点不同，动画的效果也会不同。设置尺寸和锚点如图 5-145 所示。

在"动画"下拉列表中选择不同的动画形式，如图 5-146 所示。在时间文本框中输入动画持续的时间。

图 5-144　设置旋转效果

图 5-145　设置尺寸和锚点　　　　　　　　图 5-146　设置动画选项

5.5.11 置于顶层/底层

使用"置于顶层/底层"动作，可以实现当满足条件时，将元件置于所有对象的顶层或底层。添加该动作后，用户可以在"设置动作"选项下设置将元件置于顶层/底层，如图 5-147 所示。

5.5.12 设置不透明

使用"设置不透明"动作可以实现当满足条件时，为元件指定不同的不透明性效果。添加该动作后，用户可以在"设置动作"选项下设置元件的不透明性和动画效果，如图 5-148 所示。

图 5-147 设置置于顶层/底层　　　图 5-148 设置不透明性和动画效果

5.5.13 获取焦点

"获取焦点"指的是当一个元件通过单击时的瞬间。例如用户在"文本框"元件上单击，然后输入文字。这个单击的动作，就是获取了该文本框的焦点。该动作只对"表单元件"起作用。

将"文本框"元件和"按钮"元件拖曳到页面中，在"交互"面板中输入提示文字，如图 5-149 所示。选择按钮元件，添加"单击时"事件，添加"获取焦点"动作，选择"文本框"元件并勾选"获取焦点时选中元件上的文本"复选框，如图 5-150 所示。

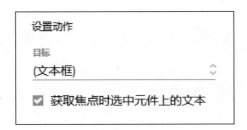

图 5-149 输入提示文字　　　　　图 5-150 设置动作

单击"确定"按钮，完成交互效果的制作。单击"预览"按钮，预览效果如图 5-151 所示。

图 5-151 预览效果

5.5.14 展开 / 折叠树节点

该动作主要被应用于"树"元件、"水平菜单"元件和"垂直菜单"元件。通过为元件添加动作，实现展开或折叠树节点的操作，如图5–152所示。

图 5-152　实现展开或收起树节点的操作

5.6　交互样式设置

用户可以通过设置交互样式，快速为元件制作精美的交互效果。交互样式设置的事件只有5种，分别是鼠标悬停、鼠标按下、选中、禁用和获取焦点。

选中元件，右击，在弹出的快捷菜单中选择"交互样式"命令，如图5–153所示。用户可以在弹出的"交互样式"对话框中完成交互样式的设置，如图5–154所示。

图 5-153　执行命令　　　　图 5-154　"交互样式"对话框

用户可以选择在不同的状态下为元件设置样式，以实现当鼠标悬停、鼠标按下、选中、禁用和获取焦点时元件的不同样式。

> **链接：** 关于"样式"的使用与设置，在本章5.1节和5.2节中有详细介绍。

5.7　本章小结

本章针对元件样式的设置与管理进行了讲解，能帮助读者掌握 Axure RP 9 中元件的属性设置方法和技巧，同时能帮助读者掌握页面样式和元件样式的创建、管理与使用方法。另外本章内容还能帮助读者掌握为页面和元件添加交互效果的事件和动作的方法。

5.8　课后练习——设计制作按钮交互样式

掌握 Axure RP 9 中元件样式和交互的设置方法后，读者应通过多次练习加深对相关知识点的理解。接下来通过设计制作一个按钮交互样式，进一步讲解交互样式设置的知识点。

步骤 01 将"矩形2"元件拖曳到页面中并设置样式如图5-155所示。

步骤 02 在"交互样式"对话框中设置"鼠标悬停"选项卡的参数如图5-156所示。

扫码看视频

图 5-155　使用矩形元件

图 5-156　设置"鼠标悬停"选项卡的参数

步骤 03 在"交互样式"对话框中设置"鼠标按下"选项卡的参数如图5-157所示。

步骤 04 单击"确定"按钮，完成设置。单击"预览"按钮，预览交互效果如图5-158所示。

图 5-157　设置"鼠标按下"选项卡的参数

图 5-158　预览交互效果

5.9　课后测试

　　完成本章内容的学习后，通过几道课后习题测验读者对 Axure RP 9 相关知识的学习效果，同时加深读者对所学知识的理解。

5.9.1　选择题

1. 在设置元件圆角属性时，下列选项中不能设置的选项是（　　　）。

A. 半径

B. 可见性

C. 显示 / 隐藏圆角

D. 添加圆角阴影

2. Axure RP 9 为用户默认提供了（　　　）种元件样式。

A. 11

B. 30

C. 10

D. 8

3. 单击"交互"面板中的（　　）按钮，即可打开"交互编辑器"对话框。

A. 提交

B. 交互编辑器

C. 交互

D. 打开

4. 当页面中包含多个相同元件时，为每个元件（　　）是非常必要的。

A. 定制尺寸

B. 指定填充色

C. 指定不同的名称

D. 添加元件样式

5. 元件"交互"面板底部有（　　）种常用交互按钮。

A. 1

B. 2

C. 3

D. 4

5.9.2　填空题

1. Axure RP 9 一共提供了_____、_____和_____3 种填充类型。

2. 用户可以在"页面样式管理"对话框中对页面的页面排列、颜色、_____、_____、_____和_____样式进行设置。

3. 按照应用对象的不同，Axure RP 9 中的交互可以分为_____和_____两种。

4. "设置列表选中项"动作主要被应用于_____元件和_____元件。

5. "展开/折叠树节点"动作主要被应用于_____元件、_____元件和_____元件。

5.9.3　操作题

根据本章所学内容，完成当鼠标单击元件时，元件旋转一圈的操作。

第 6 章
使用母版和动态面板

制作产品原型的过程中，通常需制作很多相同的页面，可以将这些相同的页面制作成母版。当用户修改母版时，所有应用了母版的页面都会随之发生改变。

动态面板是 Axure RP 9 中非常重要的一个元件。其功能非常强大，且操作简单、容易理解。本章将针对母版和动态面板的使用方法和技巧进行讲解，帮助读者在了解软件基本操作方法的同时提高操作技巧。

本章知识点

- 掌握母版的概念
- 了解"母版"面板的使用方法
- 掌握新建和编辑母版的方式
- 了解动态面板元件
- 了解动态面板用例编辑对话框
- 了解转换为动态面板的方法

6.1　母版的概念

母版指的是原型项目页面中一些重复出现的元素。将重复出现的元素定义为母版，供用户在不同的页面中反复使用，类似于 PPT 中的母版。

一个 App 产品原型项目中包含很多页面，每个页面的内容都不相同。但是由于系统的要求，每个页面中都必须包含状态栏、导航栏和标签栏，如图 6-1 所示。

图 6-1 页面共有元素

> **提示：** 在每个页面中制作相同的内容，除了会增加不必要的工作量外，还会给后期页面的管理和修改工作带来麻烦。

在页面中使用母版，既能保持整体页面设计风格一致，又便于修改页面。对母版进行修改，所有应用该母版的页面都会自动修改，能够节省大量的时间。同时，母版页面中的说明只需要编写一次，可有效地避免在输出交互规范文档时产生额外的工作和错误。

> **提示：** 使用母版能够有效减少 Axure RP 文件的体积，加快文件的预览速度。

一般情况下，一个页面中有以下部分可以制作成为母版。

● 页面导航。

● 网站顶部，包括网站状态栏和导航栏。

● 网站底部，通常指页面的标签栏。

● 经常重复出现的元件，例如分享按钮。

● Tab 面板切换的元件，在不同页面同一个 Tab 面板有不同的呈现。

6.2 新建和编辑母版

在 Axure RP 9中，母版文件通常被保存在"母版"面板中，如图 6-2 所示。用户在"母版"面板中可以完成添加母版、添加母版文件夹和查找母版等操作。

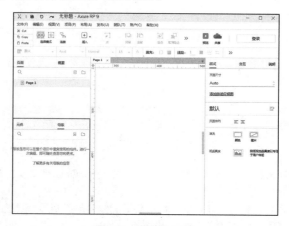

图 6-2 "母版"面板

6.2.1 新建母版

单击"母版"面板右上角的"添加母版"按钮即可新建一个母版文件，如图 6-3 所示。用户可以同时新建多个母版文件并为其重命名，如图 6-4 所示。

图 6-3 单击"添加母版"按钮

图 6-4 新建多个母版文件

在元件上右击，用户可以选择在弹出的快捷菜单中选择"添加"选项下的命令，在当前母版文件上方添加母版、下方添加母版等，如图 6-5 所示。

图 6-5 快捷菜单（1）

提示： 用户可以通过拖曳的方式调整母版文件的关系。

在元件上右击，用户可以在弹出的快捷菜单中选择"移动"选项下的命令，能够完成对母版文件的上移、下移、降级或升级操作，如图 6-6 所示。用户还可以在快捷菜单中完成删除、剪切、复制、粘贴、重命名或重复操作，如图 6-7 所示。

图 6-6 移动元件

图 6-7 快捷菜单（2）

同一个项目中可能会有多个母版，为了方便母版的管理，用户可以通过新建文件夹将同类或相同位置的母版分类管理。单击"母版"面板右上角的"添加文件夹"按钮或者在元件上右击，在弹出的快捷菜单中选择"添加 > 文件夹"命令，即可在面板中新建一个文件夹，如图 6-8 所示。

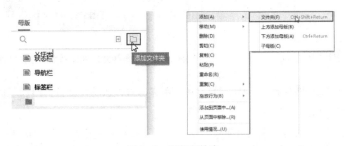

图 6-8 新建文件夹

课堂操作——新建 iOS 系统布局母版

源文件: 6-2-1.rp	**操作视频:** 023.mp4

步骤 01 新建一个Axure RP 9文件。单击"母版"面板上的"添加母版"按钮,新建一个母版并修改名称为"状态栏",如图6-9所示。

步骤 02 双击进入母版编辑页面,在"元件"面板中打开"第6章/iOS 11元件库.rplib"文件,将"系统状态栏"选项下的"黑"元件拖曳到页面中,如图6-10所示。

图 6-9　添加母版

图 6-10　使用元件素材

步骤 03 再次新建一个名为"导航栏"的母版文件,双击进入编辑页面,将"标题栏"选项下的"标准—页面标题"元件拖曳到页面中,如图6-11所示。继续使用相同的方法,完成"标签栏"母版的制作,如图6-12所示。

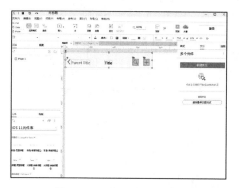

图 6-11　制作"导航栏"母版

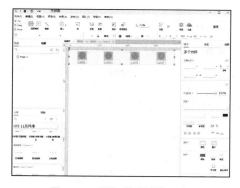

图 6-12　制作"标签栏"母版

步骤 04 在"母版"面板中新建一个名称为"结构"的母版,拖曳调整母版文件的层级,如图6-13所示。将"状态栏"和"导航栏"母版文件拖曳到页面中并排列,如图6-14所示。

图 6-13　调整母版文件的层级

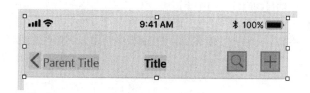

图 6-14　将母版文件拖曳到页面中并排列

> **提示:** iOS 系统 App 通常先以 750 像素 ×1334 像素为默认制作尺寸,再通过适配调整应用到其他尺寸的设备中。

步骤 05 将"标签栏"母版文件拖曳到页面中,在"样式"面板中设置其位置如图6-15所示。双击"页面"面板中的Page 1文件,将"结构"母版文件从"母版"面板中拖曳到页面中,母版应用效果如图6-16所示。

图 6-15　设置母版文件位置

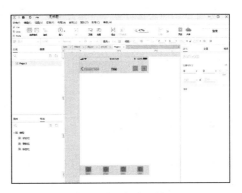

图 6-16　母版应用效果

提示： Axure RP 9 允许母版中嵌套子母版，这样可以使母版的层次更加丰富、应用更加广泛。

6.2.2　编辑和转换母版

双击"母版"面板中的母版文件，即可进入母版文件编辑页面，在页面标签栏中会显示当前编辑母版的名称，如图 6-17 所示。用户可以使用"元件"面板中的各种元件创建母版页面，如图 6-18 所示。

图 6-17　显示当前编辑母版的名称

图 6-18　创建母版页面

母版创建完成后，执行"文件 > 保存"命令，将母版文件保存后，即可完成母版文件的编辑操作。

提示： 应用到页面中的母版文件，将显示为半透明的红色遮罩效果。

除了可以通过新建母版的方式创建母版文件以外，Axure RP 9 允许用户将制作完成的页面直接转换为母版文件。

课堂操作——将卡片标签转换为母版

源文件： 6-2-2.rp　　　　　　　　　　**操作视频：** 024.mp4

步骤 01 新建一个Axure RP 9文件。使用元件制作图6-19所示页面。拖曳选中页面中所有元件，右击，在弹出的快捷菜单中选择"转换为母版"命令或者执行"布局 > 转换为母版"命令，如图6-20所示。

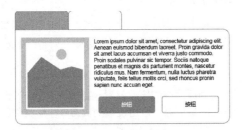

图 6-19　使用元件制作页面

图 6-20　将卡片标签转换为母版

步骤 02 在弹出的"创建母版"对话框中设置母版名称，如图6-21所示。设置完成后单击"继续"按钮，即可完成母版的转换，转换好的母版文件将显示在"母版"面板中，如图6-22所示。

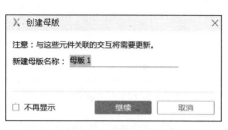

图 6-21　设置母版名称

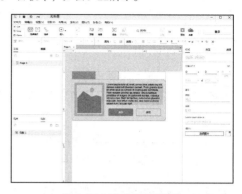

图 6-22　完成母版的转换

6.2.3　删除母版

对于拖曳到页面中的母版，选中后直接按【Delete】键，即可将其删除。在"母版"面板中，选中想要删除的母版，按【Delete】键或者右击，在弹出的快捷菜单中选择"删除"命令，即可删除当前母版文件。

6.3　使用母版

完成母版的创建后，用户可以通过多种方法将母版应用到页面中，当修改母版内容时，应用该母版的页面也会随之发生变化。

6.3.1　拖放方式

用户可以通过拖曳的方式，将母版文件拖曳到页面中。双击"页面"面板中的一个页面，进入编辑状态。在"母版"面板中选择一个母版文件，将其直接拖曳到页面中，如图 6-23 所示，即可使用母版。

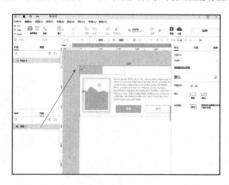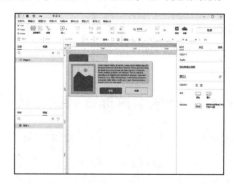

图 6-23　拖曳应用母版

使用直接拖曳的方式应用母版，Axure RP 9 提供了 3 种不同的方式。在"母版"面板中的母版文件上右击，弹出图6-24所示的快捷菜单。用户可以在"拖放行为"选项下选择"任意位置""固定位置""脱离母版"3 种拖放方式。

1. 任意位置

任意位置方式是母版的默认拖放方式，是指将母版拖曳到页面中的任意位置。当修改母版文件时，页面中所有引用该母版的母版实例会同步更新，只有坐标不会同步更新。任意位置拖放方式母版文件图标显示如图 6-25 所示。

图 6-24　快捷菜单　　　　　图 6-25　任意位置拖放方式母版文件图标

课堂操作——在任意位置使用母版

扫码看视频

源文件： 6-3-1.rp　　　　　　**操作视频：** 025.mp4

步骤 01 在"母版"面板中新建一个名为"标志"的母版文件，如图6-26所示。双击进入母版文件，拖曳图片元件到页面中，并导入图片，如图6-27所示。

图 6-26　新建母版文件　　　　　图 6-27　导入图片

步骤 02 在"样式"面板中修改其位置为（X：0，Y：0），如图6-28所示。返回Page 1页面，将"标志"母版文件从"母版"面板中拖曳到页面中，如图6-29所示。

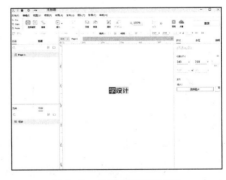

图 6-28　修改位置　　　　　　图 6-29　拖曳使用母版文件

在默认情况下拖曳使用母版时，选择的都是"任意位置"选项。用户可以在页面中随意拖曳母版文件到任何位置，且用户只能更改母版实例的位置，不能设置其他参数，如图 6-30 所示。

用户可以在"样式"面板中对母版实例的文本、按钮和图片元件进行"重写"操作，如图 6-31 所示。

图 6-30　不能设置其他参数　　　　　图 6-31　重写母版

用户可以直接在按钮文本框和文本文本框中输入内容，替换母版实例元件中的文本；单击"选择图片"按钮，替换图片元件中的图片，重写母版效果如图 6-32 所示。

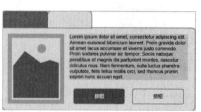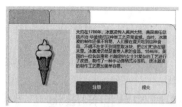

图 6-32　重写母版效果

提示： 重写母版只能更改母版中元件的文本和图片，并不能修改样式。重写后的母版只影响当前实例母版文件，不会影响其他实例母版文件。

2. 固定位置

固定位置是指将母版拖曳到页面中后，母版实例中元素的位置会自动"继承"母版页面中元素的位置，不能修改。用户对母版文件所做的修改会立即更新到原型设计母版实例中。在更改行为后，母版文件图标改变为如图 6-33 所示。

图 6-33　母版文件图标

在"标志"母版文件上右击，在弹出的快捷菜单中选择"拖放行为 > 固定位置"命令，如图 6-34 所示。再次将"标志"母版文件拖曳到页面中，如图 6-35 所示。

图 6-34　执行命令

图 6-35　将"标志"母版文件拖曳到页面中

母版元件四周出现红色的线条，代表当前元件为固定位置母版，即该母版将固定在（ x: 0, y: 0 ）的位置，不能移动。双击该元件，即可进入"标志"母版文件内，用户可以对其再次编辑。保存后，页面中的母版元件将同时发生变化。

采用"固定位置"拖曳到页面中的母版元件，在默认情况下为锁定状态。右击，在弹出的快捷菜单中选择"锁定 > 取消锁定位置和尺寸"命令，弹出如图 6-36 所示的"提示"对话框。根据提示，用户可以在母版元件上右击，选择"脱离母版"命令，如图 6-37 所示，即可脱离母版，自由移动。

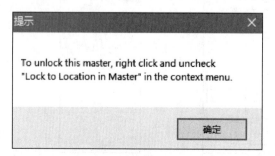

图 6-36　"提示"对话框　　　　　　　图 6-37　选择"脱离母版"命令

3. 脱离母版

脱离母版是指将母版拖曳到页面中后，母版实例自动脱离母版，成为独立的内容。可以再次编辑，而且修改母版对其不再有任何影响。更改后，母版图标改变，如图 6-38 所示。

图 6-38 母版图标

6.3.2 添加到页面中

除了采用拖曳的方式应用母版外，还可以通过"添加到页面中"命令使用母版。在母版文件上右击，在弹出的快捷菜单中选择"添加到页面中"命令，如图 6-39 所示。弹出"添加母版到页面中"对话框，如图 6-40 所示。

图 6-39 执行命令　　　图 6-40 "添加母版到页面中"对话框

用户可以在对话框的上方选择想要添加母版的页面，如图 6-41 所示。可以同时选择多个页面添加母版，如图 6-42 所示。

图 6-41 选择想要添加母版的页面　　　图 6-42 同时选择多个页面

在对话框上方有 4 个选择按钮，可以帮助用户快速全选、不选、选中子项或取消选中子项，如图 6-43 所示。

≡全选　≡不选　≡选中子项　≡取消选中子项

图 6-43 4 个选择按钮

● 全选：单击该按钮，将选中所有页面。
● 不选：单击该按钮，将取消选中所有页面。
● 选中子项：单击该按钮，将选中所有子页面。
● 取消选中子项：单击该按钮，将取消选中所有子页面。

用户可以选择"锁定为母版中的位置"，将母版添加到指定的位置，也可以通过指定坐标为母版指定新的位置，如图 6-44 所示。

勾选"置于底层"复选框，当前母版将会添加到页面的底层，如图 6-45 所示。

图 6-44 设置位置　　　　图 6-45 勾选"置于底层"复选框

> **提示：** 用户如果勾选了"页面中不包含此母版时才能添加"复选框，则只能为没有该母版的页面添加母版。

6.3.3 从页面中移除

用户可以一次性移除多个页面中的母版。在"母版"面板中选择要移除的母版文件，右击，在弹出的快捷菜单中选择"从页面中移除"命令，如图 6-46 所示。弹出"从页面中移除母版"对话框，如图 6-47 所示。

图 6-46　执行命令　　　图 6-47　"从页面中移除母版"对话框

在对话框中选择想要移除母版实例的页面，单击"确定"按钮，即可完成移除母版的操作。

> **提示：** 通过"添加到页面中"和"从页面中移除"命令添加或删除母版的操作是无法通过"撤销"命令撤销的。需要重新操作。

6.4 母版使用情况报告

为了便于查找和修改母版，Axure RP 9 提供了母版的使用情况供用户参考。在"母版"面板上选择需要查看的母版，右击，在弹出的快捷菜单中选择"使用情况"命令，如图 6-48 所示。弹出的"母版使用情况报告"对话框中将显示使用了当前母版的页面，如图 6-49 所示。

图 6-48　执行命令　　　图 6-49　"母版使用情况报告"对话框

在"母版使用情况报告"对话框中可以查看应用当前母版的母版文件和页面文件，单击对话框中的选项并单击"确定"按钮，即可快速进入相应母版或页面。

6.5 应用动态面板

"动态面板"元件是 Axure RP 9 中功能较强大的元件，是一个非常有用的元件。通过使用"动态面板"元件，用户可以实现很多其他产品原型设计软件不能实现的动态效果。"动态面板"元件可以被简单地看作一个拥有很多种不同状态的超级元件。

6.5.1　使用动态面板

在"元件"面板中选中"动态面板"元件，将其拖曳到页面中，如图 6-50 所示。

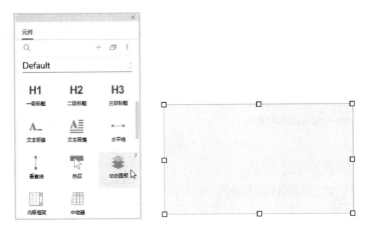

图 6-50　使用"动态面板"元件

双击"动态面板"元件，工作区将转换为动态面板编辑状态，如图 6-51 所示。用户可以在该状态中完成动态面板的各种操作。单击右上角的"关闭"按钮即可退出动态面板编辑状态，如图 6-52 所示。

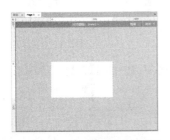

图 6-51　动态面板编辑状态

图 6-52　退出动态面板编辑状态

提示：一个动态面板通常由多个面板组成，为了便于查找使用，需要对每个面板重新指定名称，尽量不要使用默认的名称。

课堂操作——创建动态面板

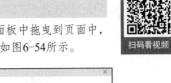

源文件：6-5-1.rp	操作视频：026.mp4

扫码看视频

步骤 01　新建一个 Axure RP 9 文件。将"动态面板"元件从"元件"面板中拖曳到页面中，如图6-53所示。在"样式"面板中指定其元件名称为"动态面板"，如图6-54所示。

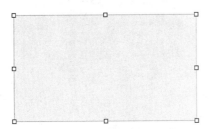

图 6-53　使用"动态面板"元件

图 6-54　指定元件名称

步骤 02　双击"动态面板"元件进入动态面板编辑模式，如图6-55所示。选择"State1"选项，弹出图6-56所示的列表。

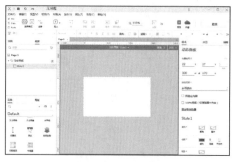

图 6-55 动态面板编辑模式

图 6-56 动态面板列表

步骤 03 单击"添加状态"选项，即可新建一个动态面板状态，如图6-57所示。用户可以根据需求添加多个动态面板状态，如图6-58所示。

图 6-57 单击"添加状态"选项

图 6-58 添加多个动态面板状态

6.5.2 编辑动态面板状态

单击动态面板下拉列表中任意动态面板状态右侧的"重复状态"按钮，即可复制当前动态面板状态，如图 6-59 所示。单击"删除状态"按钮，即可将当前动态面板状态删除，如图 6-60 所示。

图 6-59 重复状态（1）

图 6-60 删除状态

用户也可以通过单击"概要"面板中动态面板后面的"添加状态"按钮为该动态面板添加面板状态，如图 6-61 所示。单击面板状态后面的"重复状态"按钮，可以复制当前动态面板状态，如图 6-62 所示。

图 6-61 添加状态

图 6-62 重复状态（2）

用户可以通过单击动态面板下拉列表中的状态选项实现在不同动态面板状态间的跳转。也可以通过单击动态面板标题上的左右箭头实现在不同动态面板状态间的跳转，如图 6-63 所示。通过单击"概要"面板中的不同面板状态，完成在不同动态面板状态间的跳转，如图 6-64 所示。

用户可以在动态面板下拉列表中或"概要"面板中通过拖曳的方式改变动态面板状态的顺序。选中动态面板状态中的一个元件，单击右上角的"隔离"按钮，如图6-65所示。即可隐藏该动态面板状态中的其他元件。

图 6-63　单击实现在不同动态面板状态间的跳转　　　图 6-64　"概要"面板　　　图 6-65　单击"隔离"按钮

6.5.3　从首个状态脱离

　　在"动态面板"元件上右击，在弹出的快捷菜单中选择"从首个状态脱离"命令，如图6-66所示。即可使该动态面板中的第一个面板状态脱离为独立状态，该状态中的元件以独立状态显示，从首个状态脱离对比效果如图6-67所示。

图 6-66　执行命令

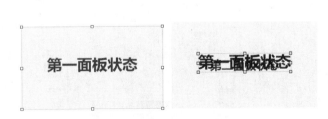

图 6-67　从首个状态脱离对比效果

课堂操作——设计制作标签选择页面

源文件： 6-5-3.rp　　　　　**操作视频：** 027.mp4

扫码看视频

步骤 04　新建一个Axure RP 9文件。将"动态面板"元件拖曳到页面中，如图6-68所示。双击"动态面板"元件，进入动态面板编辑模式，新建两个动态面板状态，如图6-69所示。

图 6-68　使用"动态面板"元件　　　　图 6-69　新建两个动态面板状态

步骤 05　选择娱乐新闻动态面板状态，使用"矩形3"元件制作图6-70所示效果。使用"文本标签"元件制作如图6-71所示的页面。

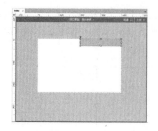
图 6-70　使用"矩形 3"元件

图 6-71　使用"文本标签"元件

步骤 06　使用相同的方法编辑体育新闻动态面板状态，如图6-72所示。双击返回页面编辑状态，将"热区"元件拖曳到页面中，并调整其大小和位置，如图6-73所示。

图 6-72　编辑动态面板状态

图 6-73　使用"热区"元件

步骤 07　选中"热区"元件，单击"交互"面板上的"新建交互"按钮，选择"单击时"触发事件，继续选择"设置面板状态"动作，如图6-74所示。选择目标和状态，如图6-75所示。

图 6-74　设置面板状态

图 6-75　选择目标和状态

步骤 08　单击"确定"按钮，添加交互后元件效果如图6-76所示，使用相同的方法完成体育新闻热区元件的交互制作，如图6-77所示。

图 6-76　添加交互后元件效果

图 6-77　完成交互制作

步骤 09　执行"文件＞保存"命令，将文件保存。单击"预览"按钮，效果如图6-78所示。

图 6-78　预览效果

提示： 在使用"动态面板"元件制作页面时，为了避免多个页面中元素位置无法对齐，可以使用准确的坐标来定位。

6.5.4 为动态面板添加交互

"动态面板"元件通常需要通过添加交互事件实现各种效果。动态面板的应用非常灵活，制作出的效果也是千变万化，接下来通过制作一款网页中常见的产品轮播图效果案例，深层次地讲解动态面板的使用技巧。

提示： 动态面板是唯一可以使用拖曳事件的元件。用户可以设置拖曳开始时、拖曳时、拖曳结束时、向左／向右拖曳结束时的交互效果。

课堂操作——动态面板制作轮播图

源文件： 6-5-4.rp   **操作视频：** 028.mp4

步骤 01 新建一个Axure RP 9文件。将"动态面板"元件拖曳到页面中。在"样式"面板中设置元件各项参数，如图6-79所示。页面效果如图6-80所示。

图 6-79　设置元件各项参数

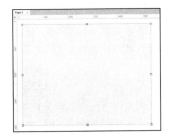

图 6-80　页面效果

步骤 02 双击进入动态面板编辑模式，如图6-81所示。添加4个动态面板状态并分别重命名，如图6-82所示。

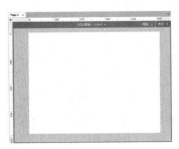

图 6-81　进入动态面板编辑模式

图 6-82　添加状态

步骤 03 进入"项目1"状态编辑页面，将"图片"元件从"元件"面板中拖曳到页面中，调整大小和位置，如图6-83所示。双击"图片"元件，导入外部图片素材，如图6-84所示。

图 6-83　将"图片"元件拖曳到页面中

图 6-84　导入外部图片素材

步骤 04 使用相同的方法为其他4个页面导入图片素材，"概要"面板如图6-85所示。返回项目1页面，分别拖入5张图片素材并排列，如图6-86所示。

图 6-85 "概要"面板

图 6-86 拖入图片素材并排列

> **提示：** 可以通过拖曳的方式，调整"概要"面板上页面的顺序。此顺序将影响轮播图的播放顺序。

步骤 05 将小图分别命名为图片1~图片5。选中"图片1"元件，如图6-87所示，在"交互编辑器"对话框中添加"鼠标移入时"事件，再添加"设置面板状态"动作，设置动作参数如图6-88所示。

图 6-87 设置元件名称

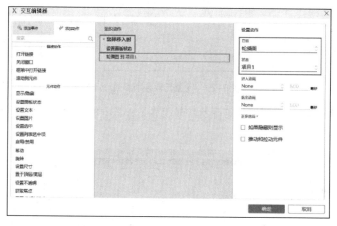

图 6-88 设置动作参数

步骤 06 选中"图片2"元件，添加"鼠标移入时"事件，再添加"设置面板状态"动作，如图6-89所示。设置"进入动画"和"退出动画"效果为"逐渐"，时间为500毫秒，如图6-90所示。

图 6-89 添加事件和动作

图 6-90 设置动作

步骤 07 使用相同的方法为"图片3~图片5"元件添加相同的交互效果，如图6-91所示。单击"预览"按钮，预览效果如图6-92所示。

图6-91　添加相同的交互效果

图6-92　预览效果

> **提示：** 添加了进入动画和退出动画的动作，交互效果更加自然。用户可以勾选"推动和拉动元件"复选框，获得更丰富的效果。

6.6　转换为动态面板

除了通过从"元件"面板中拖入的方式创建动态面板外，用户还可以将页面中的任一对象转换为动态面板，方便用户制作符合自己要求的产品原型。

选中想要转换为动态面板的元件，右击，在弹出的快捷菜单中选择"转换为动态面板"命令，即可将元件转换为动态面板，如图6-93所示。

从"元件"面板中拖曳"动态面板"元件到页面中后进行编辑的方法，与先创建页面内容、再转化为动态面板的方法，虽然操作顺序不同，但实质上没有区别。

> **提示：** 隐藏元件，元件显示为淡黄色遮罩，动态面板显示为浅蓝色，母版实例显示为淡红色。用户可以通过执行"视图 > 遮罩"下的命令，选择是否使用特殊颜色显示对象。

图6-93　转换为动态面板

6.7　本章小结

本章主要讲解了 Axure RP 9 中母版的创建和使用方法。通过学习，读者可以掌握母版的创建与编辑方法，并能够将母版应用到实际的工作中。通过学习动态面板的使用方法，可以扩大制作的范围，使得产品原型制作更加方便。

6.8　课后练习——设计制作动态按钮效果

扫码看视频

掌握 Axure RP 9 中母版和动态面板的使用方法后，读者应通过多次练习加深对相关知识点的理解。接下来通过设计制作动态按钮效果，进一步讲解动态面板的使用。

步骤 01 将"动态面板"元件拖曳到页面中并添加两个状态，如图6-94所示。
步骤 02 分别使用"圆形"元件和"图片"元件制作状态页面，如图6-95所示。

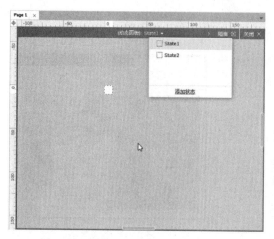

图 6-94 使用"动态面板"元件

图 6-95 制作状态页面

步骤 03 在"交互编辑器"对话框中设置鼠标移入时的交互效果，如图6-96所示。

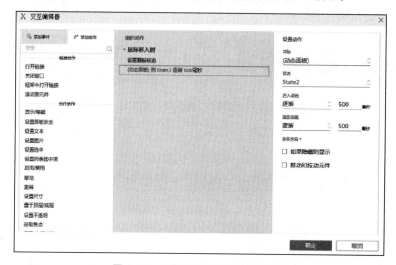

图 6-96 设置鼠标移入时的交互效果

步骤 04 在"交互编辑器"对话框中设置鼠标移出时的交互效果，如图6-97所示。

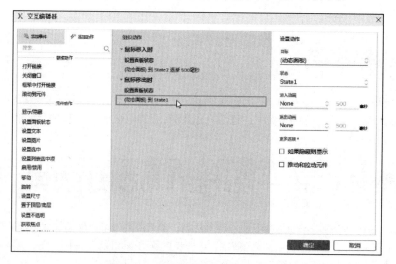

图 6-97 设置鼠标移出时的交互效果

6.9 课后测试

完成本章内容的学习后，通过几道课后习题测验读者对 Axure RP 9 相关知识的学习效果，同时加深读者对所学知识的理解。

6.9.1 选择题

1. 母版指的是产品原型项目页面中一些（　　　）出现的元素。

A. 重复

B. 最多

C. 最少

D. 不能

2. 下列内容中可以制作为母版的是（　　　）。

A. 导航

B. 广告

C. 详情页

D. 商品图

3. 同一个项目中，可能会有（　　　）母版。

A. 3个

B. 8个

C. 多个

D. 1个

4. 在使用"动态面板"元件制作页面时，为了避免多个页面中元素位置无法对齐的情况，可以使用准确的（　　　）来进行定位。

A. 角度

B. 坐标

C. 颜色

D. 宽度

5. 执行（　　　）下的命令，可选择是否使用特殊颜色显示对象。

A. 视图 > 遮罩

B. 视图 > 显示背景

C. 视图 > 重置视图

D. 帮助 > 管理权

6.9.2 填空题

1. 使用母版会_____Axure RP 文件的体积，_____原型文件的预览速度。

2. Axure RP 9 允许在母版中套用_____，这样可使得母版的层次更加丰富，应用更加广泛。

3. Axure RP 9 提供了_____、_____和_____3 种拖放方式。

4. 隐藏元件，元件显示为_____遮罩，动态面板则显示为_____，页面中的母版实例显示为_____。

5. 用户可以为"动态面板"元件添加_____动作，实现丰富的交互效果。

6.9.3 操作题

根据前面所学的动态面板的内容，设计制作电子商务商品图放大镜效果。

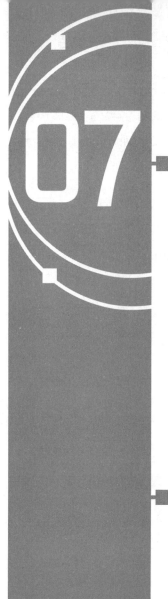

第 7 章
变量与表达式

本章将对 Axure RP 9 中难度较高的变量和表达式进行介绍，针对全局变量、局部变量、设置条件和公式等知识点进行讲解。学习变量和表达式的使用方法，可以帮助读者理解并制作更为复杂的产品原型。要想提高利用 Axure RP 9 进行交互设计制作的水平，除了需要掌握基础知识外，还要进行大量的练习。

本章知识点

- 了解变量的概念
- 掌握局部变量和全局变量的使用方法
- 掌握设置条件的方法
- 理解表达式的使用方法

7.1 使用变量

Axure RP 9 中的"变量"是非常有个性和使用价值的功能，有了变量之后，很多需要复杂条件判断或者需要传递参数的功能逻辑就可以实现了，大大丰富了原型演示的可实现效果。变量分为全局变量和局部变量两种，接下来逐一进行讲解。

7.1.1 全局变量

全局变量是一个数据容器，就像一个硬盘，可以把需要的内容存入，能随身携带。在需要的时候读取出来即可使用。

全局变量的作用范围为一个页面，即在"页面"面板中一个节点（不包含子节点）内有效，而"全局"也不是指整个原型文件内的所有页面，所以有一定的局限性。

在"交互编辑器"对话框中单击"设置变量值"动作选项，弹出图 7-1 所示面板。默认情况下该面板中只包含一个全局变量：OnLoadVariable。勾选 OnLoadVariable 复选框，用户可以在对话框的右侧设置全局变量值，如图 7-2 所示。

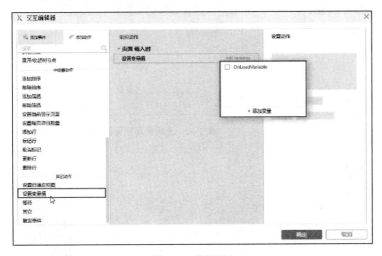

图 7-1　弹出面板

图 7-2　设置全局变量值

Axure RP 9 一共提供了 10 种全局变量值供用户使用，具体如下。
● 值：直接获取一个常量，可为数值和字符串。
● 变量值：获取另外一个变量的值。
● 变量值长度：获取另外一个变量的值的长度。
● 元件文字：获取元件上的文字。
● 焦点元件文字：获取焦点元件上的文字。
● 元件文字长度：获取元件文字的值的长度。
● 被选项：获取被选择的项目。
● 禁用状态：获取元件的禁用状态。
● 选中状态：获取元件的选中状态。
● 面板状态：获取面板的当前状态。

单击"交互编辑器"对话框右侧的"设置动作"下的"目标"下拉列表，单击弹出的下拉列表中的"添加变量"选项，即可创建一个新的全局变量，如图 7-3 所示。在弹出的"全局变量"对话框中单击"添加"按钮，即可新建一个全局变量，如图 7-4 所示。

图 7-3　单击"添加变量"选项

图 7-4　新建全局变量

用户可以重新对变量命名，以便查找和使用，如图 7-5 所示。用户可以通过单击"上移"和"下移"按钮实现调整全局变量顺序的操作。单击"删除"按钮将删除选中的全局变量。单击"确定"按钮，即可完成全局变量的创建，如图 7-6 所示。

图 7-5　重命名对变量命名　　　　　　　图 7-6　完成全局变量的创建

课堂操作——使用全局变量

| 源文件：7-1-1.rp | 操作视频：029.mp4 |

扫码看视频

步骤 01 新建一个Axure RP 9文档。分别将"一级标题"元件和"主要按钮"元件拖曳到页面中，如图7-7所示。分别将两个元件命名为"标题"和"提交"，修改元件文本，如图7-8所示。

图 7-7　使用元件

图 7-8　修改元件文本

步骤 02 在"交互编辑器"对话框中选择"页面载入时"事件，如图7-9所示。选择"设置变量值"动作，如图7-10所示。

图 7-9　选择事件　　　　　　　　　图 7-10　选择"设置变量值"动作

步骤 03 单击"添加变量"选项，在弹出的"全局变量"对话框中单击"添加"按钮，新建一个名为"wenzi"的全局变量，如图7-11所示。单击"确定"按钮，设置动作的各项参数如图7-12所示。

图 7-11 添加变量

图 7-12 设置动作的各项参数

步骤 04 单击"确定"按钮，"交互"面板如图7-13所示。选择按钮元件，在"交互编辑器"对话框中添加"单击时"事件，再添加"设置文本"动作，选择"提交"选项，单击"确定"按钮，如图7-14所示。

图 7-13 "交互"面板

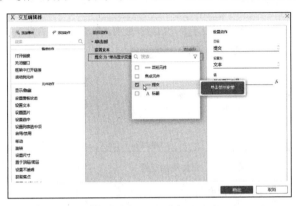

图 7-14 选择"提交"选项

步骤 05 在"交互编辑器"对话框右侧设置各项参数，如图7-15所示。单击"确定"按钮，再单击"预览"按钮，页面预览效果如图7-16所示。

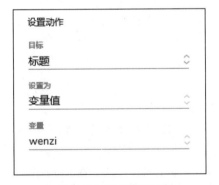

图 7-15 设置各项参数

图 7-16 页面预览效果

7.1.2 局部变量

局部变量仅适用于元件或页面中的一个动作，动作外的环境无法使用局部变量。可以为一个动作设置多个局部变量，Axure RP 9中没有限制变量的数量。不同的动作当中，局部变量的名称可以相同，不会相互影响。例如每个人的"身高"和"体重"是不一样的。

1. 添加局部变量

用户可以在"交互编辑器"对话框中"设置动作"下添加局部变量，如图 7-17 所示。单击"值"文本框右侧的 f_x 图标，弹出"编辑文本"对话框，如图 7-18 所示。

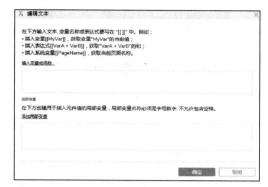

图 7-17 "交互编辑器"对话框　　　　　　图 7-18 "编辑文本"对话框

　　单击"添加局部变量"选项，即可添加一个局部变量，如图 7-19 所示。局部变量由 3 部分组成，由左到右分别是变量名称、变量类型和添加变量的目标文件，如图 7-20 所示。

图 7-19 添加局部变量

图 7-20 局部变量的组成

2. 编辑局部变量

　　添加局部变量时，系统默认设置局部变量名称为"LVAR1"，用户可以根据个人的习惯自定义局部变量的名称。局部变量名称必须是字母、数字，不允许包含空格。

　　用户可以在变量类型下拉列表中选择局部变量的类型，如图 7-21 所示，也可以在目标元件下拉列表中选择添加变量的元件，如图 7-22 所示。

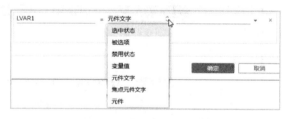

图 7-21 选择局部变量的类型

图 7-22 选择目标元件

3. 插入局部变量

　　完成局部变量的添加后，单击"编辑文本"对话框上方的"插入变量或函数"选项，在下拉列表中单击添加的局部变量，即可插入局部变量，如图 7-23 所示。单击"移除"按钮，即可删除当前局部变量，如图 7-24 所示。

图 7-23 插入局部变量

图 7-24 删除当前局部变量

7.2 设置条件

用户可以为动作设置条件，实现控制动作发生的时机。单击"交互"面板中事件选项后面的"启用情形"按钮或者单击"交互编辑器"对话框事件选项后的"启用情形"按钮，如图 7-25 所示。

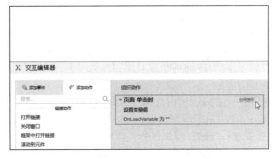

图 7-25 单击"启用情形"按钮

弹出"情形编辑"对话框，如图 7-26 所示。单击"添加条件"按钮，即可为事件添加一个条件，如图 7-27 所示。

图 7-26 "情形编辑"对话框   图 7-27 添加条件

添加的条件包括用来进行逻辑判断的值、确定变量或元件名称、逻辑判断的运算符、用来选择被比较的值和文本框 5 部分，如图 7-28 所示。

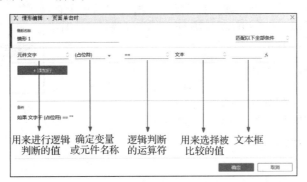

图 7-28 条件的组成部分

7.2.1 确定条件逻辑

单击"情形编辑"对话框右侧的"匹配以下全部条件"选项，弹出图 7-29 所示的列表。

● 匹配以下全部条件：必须同时满足所有条件编辑器中的条件，用例交互才有可能发生。

图 7-29 弹出列表

● 匹配以下任何条件：只要满足所有条件编辑器中的任何一个条件，用例交互就会发生。

> **提示：** 可以通过设置条件逻辑关系，设置执行一个动作必须同时满足多个条件，或者仅需满足多个条件中的任何一个。

7.2.2 用来进行逻辑判断的值

在用来进行逻辑判断的值选项的下拉列表中有 15 种选项，如图 7-30 所示。

● 值：自定义变量值。

● 变量值：能够根据一个变量的值来进行逻辑判断。例如，可以添加一个变量，将其命名为"日期"并且判断只有当日期为 3 月 18 日时，才会出现"Happy Birthday"的用例。

● 变量值长度：在验证表单的时候，要验证用户选择的用户名或者密码长度。

● 元件文字：用来获取某个输入文本框内文本的值。

● 焦点元件文字：当前获得焦点的元件文字。

● 元件文字长度：与变量值长度相似，只是它判断的是某个元件的文本长度。

● 被选项：可以根据页面中某个复选框元件的选中与否来进行逻辑判断。

● 禁用状态：某个元件的禁用状态。根据元件的禁用状态来判断是否执行某个用例。

● 选中状态：某个元件的选中状态。根据元件是否被选中来判断是否执行某个用例。

● 面板状态：某个动态面板的状态。根据动态面板的状态来判断是否执行某个用例。

图 7-30　15 种选项

● 元件可见：某个元件是否可见。根据元件是否可见来判断是否执行某个用例。

● 按下的键：根据按键盘上的某个键来判断是否要执行某些操作。

● 指针：可以通过当前的指针获取鼠标指针的当前位置，实现鼠标指针拖曳的相关功能。

● 元件范围：为元件事件添加条件事件指定的范围。

● 自适应视图：根据一个元件的所在面板进行判断。

7.2.3 确定变量或元件名称

"确定变量或元件名称"是根据前面的选择方式来确定的。如果前面选择的"用来进行逻辑判断的值"是"变量值"选项，那么确定变量或元件名称可以选择"OnLoadVariable"选项，也可以选择"新建"选项，添加新的变量，如图 7-31 所示。

7.2.4 逻辑判断的运算符

用户可以在该选项下选择添加逻辑判断运算符，如图 7-32 所示。Axure RP 9 中一共为用户提供了 10 种逻辑判断运算符选项。

图 7-31　确定变量或元件名称

图 7-32　选择添加逻辑判断运算符选项

7.2.5 用来选择被比较的值

此选项的值是和"用来进行逻辑判断的值"做比较的值,选择的方式和"用来进行逻辑判断的值"一样,如图7-33所示。例如选择比较两个变量,刚才选择了第1个变量的名称,现在就要选择第2个变量的名称。

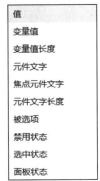

图7-33 用来选择被比较的值

7.2.6 文本框

如果"用来选择被比较的值"选择的是"值",那么就要在文本框中输入具体的值,如图7-34所示。

Axure RP 9会根据用户在前面几部分中输入的内容,在"条件"下生成一段描述,便于用户判断条件逻辑是否是正确的,如图7-35所示。

图7-34 在文本框中输入具体的值 　　　　图7-35 条件描述

单击 f_x 按钮,可以在输入值的时候,使用一些常规的函数,如获取日期、截断和获取字符串、预设置参数等。单击+按钮或者单击"添加行"按钮即可添加行,新增一个条件。单击×按钮即可删除一个条件。

> **提示:** 添加交互时,打开交互编辑器,首先选择要使用的若干个动作,然后针对动作进行参数设定。

当需要同时为多个动作改变条件判断关系时,可以在相应的动作名称上右击,在弹出的快捷菜单中选择"切换为[如果]或[否则]"命令,如图7-36所示。

图7-36 改变条件判断关系

课堂操作——设置制作用户登录界面

源文件: 7-2-6.rp 　　　　 **操作视频:** 030.mp4

扫码看视频

步骤01 新建一个Axure RP 9文件。使用矩形元件、文本元件和按钮元件制作图7-37所示页面。使用文本框元件制作图7-38所示效果。

图 7-37　使用元件制作页面

图 7-38　使用文本框元件

步骤 02　分别将两个文本框元件命名为"用户名"和"密码"，将登录按钮命名为"登录"，如图7-39所示。选中登录按钮元件，在"交互编辑器"对话框中为其添加"单击时"事件，如图7-40所示。

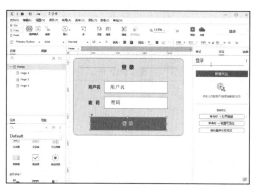

图 7-39　为元件命名

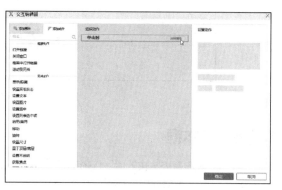

图 7-40　添加事件

步骤 03　单击"启用情形"按钮，弹出"情形编辑"对话框。单击"添加条件"按钮新建条件，并设置各项参数，如图7-41所示。单击"添加行"按钮，并设置各项参数，如图7-42所示。

图 7-41　新建条件

图 7-42　单击"添加行"按钮

步骤 04　单击"确定"按钮，完成交互条件的添加，如图7-43所示。使用矩形元件和文本元件制作如图7-44所示的效果。

图 7-43　完成交互条件的添加

图 7-44　使用元件

步骤 05　将元件选中并组合，指定元件名称为"错误提示"并将其隐藏，如图7-45所示。再次单击"启用情形"按钮，不进行任何设置，对话框效果如图7-46所示。

图 7-45　隐藏元件

图 7-46　对话框效果

步骤 06 单击"确定"按钮，添加"显示隐藏"动作，设置各项参数如图7-47所示。

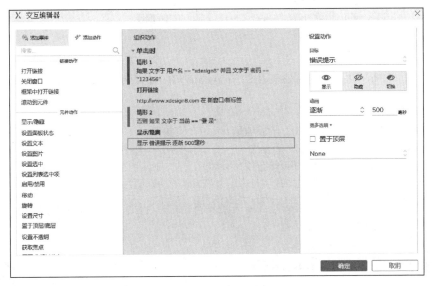

图 7-47　设置各项参数

步骤 07 单击"确定"按钮完成交互制作。单击工具栏上的"预览"按钮，预览效果如图7-48所示。

> **提示：** 没有输入用户名和密码或输入错误的用户名和密码时单击登录，将弹出提示内容。此处输入用户名为 xdesign8，密码为 123456 时，即可打开指定的网址。

图 7-48　预览效果

7.3　使用表达式

表达式是由数字、运算符、数字分组符号（括号）、变量等组合成的公式。在 Axure RP 9 中，表达式必须写在 [[]] 中，否则不能正确运算。

7.3.1　运算符类型

运算符可用来执行程序代码运算，针对一个以上操作数项目进行运算。Axure RP 9 中一共包含了 4 种运算符，分别是算术运算符、关系运算符、赋值运算符和逻辑运算符。

1.　算术运算符

算术运算符就是常说的加减乘除符号，符号是 +、−、*、/。例如 a+b、b/c 等。除了以上 4 个算术运算符外，还有一个取余数运算符，符号是 %。取余数是指将前面的数字中完整包含了后面的部分去除，只保留剩余的部分，例如 18/5，结果为 3。

2．关系运算符

Axure RP 9 中一共有 6 个关系运算符，分别是 <、<=、>、> =、==、!=。关系运算符对其两侧的表达式进行比较，并返回比较结果。比较结果只有"真"或"假"两种，也就是 True 和 False。

3．赋值运算符

Axure RP 9 中的赋值运算符是 =。赋值运算符能够将其右侧的表达式运算结果赋值给左侧一个能够被修改的值，例如变量、元件文字等。

4．逻辑运算符

Axure RP 9 中的逻辑运算符有两种，分别是 && 和 ‖。&& 表示"并且"的关系，‖ 表示"或者"的关系。逻辑运算符能够将多个表达式连接在一起，形成更复杂的表示式。

在 Axure RP 9 中还有一种逻辑运算符！，表示"不是"，它能够将表达式结果取反。

例如，！（a+b&&=c）返回的值与（a+b&&=c）返回的值相反。

7.3.2　表达式的格式

a+b、a > b 或者 a+b&&=c 等都是表达式。在 Axure RP 9 中，只有在编辑值时才可以使用表达式，表达式必须写在 [[]] 中。

下面通过几个例子加深理解。

[[name]]：这个表达式没有运算符，返回值是 name 的变量值。

[[18/3]]：这个表达式的结果是 6。

[[name=='admin']]：当变量 name 的值为'admin'时，返回 True，否则返回 False。

[[num1+num2]]：当两个变量值为数字时，这个表达式的返回值为两个数字的和。

> **提示：** 如果想将两个表达式的内容连接在一起或者将表达式的返回值与其他文字连接在一起，只需将它们写在一起。

课堂操作——设置制作滑动解锁

源文件： 7-3-2.rp　　　　　　**操作视频：** 031.mp4

步骤 01 新建一个 Axure RP 9 文档。使用"矩形"元件和"文本"元件制作图7-49所示页面。使用"图片"元件和"文本"元件继续制作页面，如图7-50所示。

图 7-49　使用元件制作页面　　　　　图 7-50　继续制作页面

步骤 02 选中图片元件并将其转换为"动态面板"元件。在"交互编辑器"对话框中添加"拖曳时"事件并添加情形，设置"情形编辑"对话框如图7-51所示。单击"确定"按钮。添加"移动"动作，设置动作如图7-52所示。

图 7-51　设置"情形编辑"对话框　　　　　图 7-52　设置动作（1）

步骤 03 单击"添加界限"按钮并设置参数，如图7-53所示。单击f_x按钮，弹出"编辑值"对话框，如图7-54所示。

图 7-53　单击"添加界限"按钮并设置参数

图 7-54　"编辑值"对话框

步骤 04 单击"添加局部变量"选项，新建一个局部变量并设置参数，如图7-55所示。单击"插入变量或函数"选项，选择变量并设置参数，如图7-56所示。

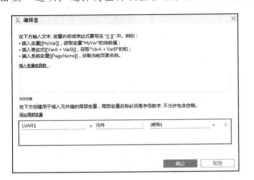

图 7-55　新建局部变量并设置参数

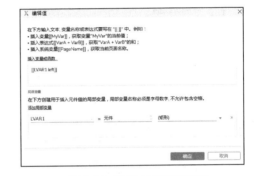

图 7-56　选择变量并设置参数

步骤 05 单击"确定"按钮，面板效果如图7-57所示。使用相同的方法设置右侧边界，如图7-58所示。

图 7-57　面板效果

图 7-58　设置右侧边界

步骤 06 添加"设置文本"动作，如图7-59所示。单击f_x按钮，在"编辑文本"对话框中创建局部变量并插入，如图7-60所示。

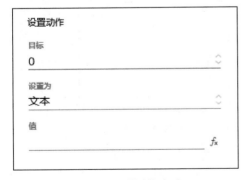

图 7-59　设置动作（2）

图 7-60　"编辑文本"对话框

步骤 07 单击"确定"按钮后，添加"设置尺寸"动作，选择橙色矩形元件，单击"w"选项后的f_x按钮，在"编辑值"对话框中创建局部变量并插入，如图7-61所示。设置"h"的值为35，如图7-62所示。

图 7-61 "编辑值"对话框   图 7-62 设置值

步骤 08 再次为"拖曳时"事件添加情形，设置"情形编辑"对话框如图7-63所示。单击"确定"按钮后添加"设置文本"动作，如图7-64所示。

图 7-63 设置"情形编辑"对话框

图 7-64 设置动作（3）

步骤 09 再次添加"拖曳结束时"事件并添加情形，"情形编辑"对话框如图7-65所示。添加"移动"动作，设置动作各项参数如图7-66所示。

图 7-65 "情形编辑"对话框

图 7-66 设置动作各项参数（1）

步骤 10 添加"设置尺寸"动作，设置动作各项参数如图7-67所示。添加"设置文本"动作，设置动作各项参数如图7-68所示。

图 7-67 设置动作各项参数（2）

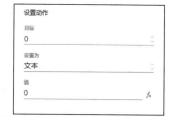

图 7-68 设置动作各项参数（3）

步骤 11 单击"确定"按钮，将图片元件拖曳到如图7-69所示的位置。选中0文本元件，将其隐藏，如图7-70所示。

图 7-69 拖曳图片元件   图 7-70 隐藏元件

步骤 12 单击"预览"按钮，预览页面效果。拖曳图片元件效果如图7-71所示。

图 7-71 拖曳图片元件效果

7.4 本章小结

　　本章主要针对变量和表达式进行了讲解。讲解了全局变量和局部变量的概念和使用方法，以及条件和表达式。通过学习，读者应该掌握创建全局变量和局部变量的方法，了解条件的作用。并且熟练掌握表达式的使用方法，为制作更为复杂的产品原型打下基础。

7.5 课后练习——设计制作图片交互效果

　　掌握 Axure RP 9 中变量与表达式的使用方法后，读者应通过多次练习加深对相关知识点的理解。接下来通过设计制作图片交互效果，进一步讲解动态面板的使用。

步骤 01 使用元件制作页面，将文本框命名为"选项"，如图7-72所示。

步骤 02 为页面添加子页面，使用"动态面板"元件创建如图7-73所示的子页面。

图 7-72 使用元件制作页面　　　　图 7-73 使用"动态面板"元件创建子页面

步骤 03 在"交互"面板中添加"选项改变时"事件，设置鼠标移入时的交互效果如图7-74所示。

步骤 04 继续设置其他相同交互效果，预览页面效果如图7-75所示。

图 7-74 设置鼠标移入时的交互效果　　　　图 7-75 预览页面效果

7.6 课后测试

完成本章内容的学习后，通过几道课后习题测验读者对 Axure RP 9 相关知识的学习效果，同时加深读者对所学知识的理解。

7.6.1 选择题

1. 下列选项中不属于全局变量的是（　　　）。
A. 值
B. 元件文字
C. 选中项
D. 面板状态

2. 在弹出的"全局变量"对话框中单击（　　　）按钮，即可新建一个全局变量。
A. 添加
B. 变量
C. 重命名
D. 查找

3. 在 Axure RP 9 中还有一种逻辑运算符（　　　），表示"不是"，它能够将表达式结果取反。
A. !
B. =
C. +
D. !=

4. 使用关系运算符对其两侧的表达式进行比较，并返回比较结果。比较结果只有真或假两种，也就是（　　　）。
A. True 和 False
B. < 和 <=
C. > 和 > =
D. 以上都不对

5. 当需要同时为多个情形改变条件判断关系时，可以在相应的情形名称上右击，选择（　　　）选项即可。
A. 切换为 [如果] 或 [否则]
B. OnLoadVariable
C. Case
D. False 或 true

7.6.2 填空题

1. 变量分为_____和_____两种。

2. 用户可以使用_____和_____功能调整全部变量的顺序，而使用_____功能会将选中的全局变量删除。

3. 局部变量的作用范围为一个情形里面的一个事务，一个事件里面有多个情形，一个情形里面有多个事务，可见局部变量的作用范围_____。

4. 用户可以为动作设置条件，实现控制动作发生的时机。单击"交互编辑器"对话框中的_____按钮，弹出_____对话框。

5. 表达式是由_____、_____、_____、_____等组合成的公式。

7.6.3 操作题

根据本章所学内容，设计制作计算器 App 原型。

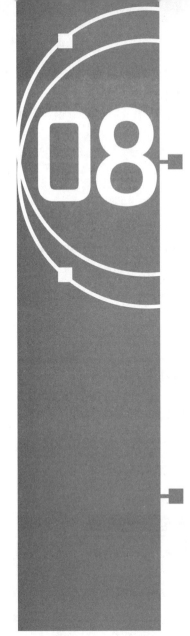

第 8 章
函数的使用

Axure RP 9 中的函数能帮助用户获取结果。就像一个计算器，它可以被看作获取结果的方法，用户只需要掌握如何使用它，而不需要知道它的计算原理。本章将针对函数的概念进行讲解，并针对 Axure RP 9 中的函数进行逐一讲解，以帮助读者掌握每一个函数的具体含义，并能将其应用到实际的产品原型制作中。

本章知识点

- 掌握函数的概念
- 了解函数的作用
- 掌握函数的使用方法
- 了解函数的具体含义

8.1 了解函数

Axure RP 9 中的函数是一种特殊的变量，可以通过调用获得一些特定的值。函数的使用范围很广泛，使用函数能够让产品原型制作变得更迅速，使产品原型变得更灵活和更逼真。在 Axure RP 9 中只有表达式中能够使用函数。

在"交互编辑器"对话框中添加"设置变量值"动作后，勾选"OnLoadVariable"复选框，单击"值"选项下文本框右侧的 *x* 按钮，如图 8-1 所示。单击弹出的"编辑文本"对话框中的"插入变量或函数"选项，即可看到 Axure RP 9 自带的函数，如图 8-2 所示。

除了全局变量和布尔类型的预算法外，还包含中继器 / 数据集、元件、页面、窗口、鼠标指针、数字、字符串、数学和日期 9 种类型的函数。

函数的格式是：对象 . 函数名（参数 1，参数 2……）。

图 8-1　"交互编辑器"对话框

图 8-2　插入变量或函数

课堂操作——使用时间函数

| 源文件: 8-1.rp | 操作视频: 032.mp4 |

步骤 01 使用"文本框"元件、"文本标签"元件和"主要按钮"元件制作图8-3所示的页面效果。从左到右依次将"文本框"元件命名为"shi"（见图8-4）"fen""miao"。

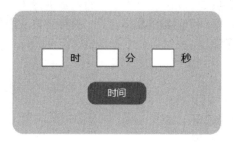

图 8-3　页面效果

图 8-4　指定元件名称

步骤 02 选择"主要按钮"元件，单击"交互"面板上的"新建交互"按钮，添加"单击时"事件后再添加"设置文本"动作，勾选"shi"复选框，单击"值"选项下文本框右侧的 f_x 按钮，如图8-5所示。

步骤 03 单击弹出的"编辑文本"对话框中的"插入变量或函数"选项，选择"日期"选项下的"getHours()"选项，如图8-6所示。

图 8-5　"交互"面板

图 8-6　选中日期函数

步骤 04 单击"确定"按钮，获取小时函数。单击"设置文本"右侧的"添加目标"按钮，分别为其他两个文本框添加函数，如图8-7所示。单击"预览"按钮，预览效果如图8-8所示。

图 8-7 添加函数

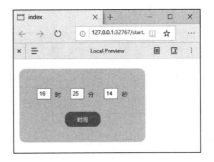

图 8-8 预览效果

8.2 常见函数

Axure RP 9 中的 9 种函数的应用方法各不同，接下来逐一进行介绍。

8.2.1 中继器 / 数据集函数

单击"编辑文本"对话框中的"插入变量或函数"选项，在"中继器 / 数据集"选项下可以看到 6 个中继器 / 数据集函数，如表 8-1 所示。

表 8-1 中继器 / 数据集函数

函数名称	说明
Repeater	获得当前项的父中继器
visibleItemCount	返回当前页面中所有可见项的数量
itemCount	当前过滤器中项的数量
dataCount	当前过滤器中所有项的个数
pageCount	中继器对象中页的数量
pageindex	中继器对象当前的页数

链接： 关于中继器的使用，将在本书的第 9 章中详细讲解，请读者参看相关章节。此处就不再详细讲解。

8.2.2 元件函数

单击"编辑文本"对话框中的"插入变量或函数"选项，在"元件"选项下可以看到 16 个元件函数，如表 8-2 所示。

表 8-2 元件函数

函数名称	说明
This	获取当前元件对象，当前元件指添加事件的元件
Target	获取目标元件对象，目标元件指添加动作的元件
X	获得元件对象的横坐标

函数名称	说明
y	获得元件对象的纵坐标
width	获得元件对象的宽度
height	获得元件对象的高度
scrollX	获取元件对象水平移动的距离
scrollY	获取元件对象垂直移动的距离
text	获取元件对象的文字
name	获取元件对象的名称
top	获取元件对象顶部边界的坐标值
left	获取元件对象左边界的坐标值
right	获取元件对象右边界的坐标值
bottom	获取元件对象底部边界的坐标值
opacity	获取元件对象的不透明度
rotation	获取元件对象的旋转角度

课堂操作——设计制作商品详情页

扫码看视频

源文件：8-2-2.rp	操作视频：033.mp4

步骤 01 新建一个Axure RP 9文件，将"图片"元件拖曳到页面中并插入图片，将其命名为"bigpic"，复制图片并调整其位置和大小，如图8-9所示。继续使用相同的方法导入另外的图片，并分别将它们命名为"pic1"和"pic2"，如图8-10所示。

图 8-9　插入图片并命名（1）

图 8-10　插入图片并命名（2）

步骤 02 使用"矩形"元件创建一个图8-11所示的矩形，将其命名为"kuang"。选择"pic1"元件，为其添加"鼠标移入时"事件，再添加"设置图片"动作，选择"bigpic"元件，如图8-12所示。

图 8-11　创建矩形

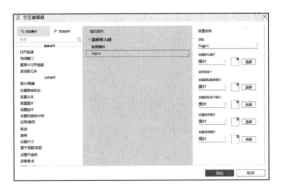

图 8-12　选择"bigpic"元件

步骤 03　单击"设置默认图片"选项下的"选择"按钮，选择导入一张图片，如图8-13所示。添加"移动"动作，选择"目标"为"kuang"，设置"移动"选项为"到达"，如图8-14所示。

图 8-13　选择导入图片

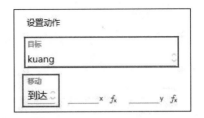

图 8-14　设置"移动"选项

步骤 04　单击x文本框后的 f_x 按钮，在"编辑值"对话框中删除数值0，单击"插入变量或函数"选项，选择"x"选项，如图8-15所示。为了保证边框与图片对齐，使用表达式使其移动3个单位，如图8-16所示。

图 8-15　选择函数

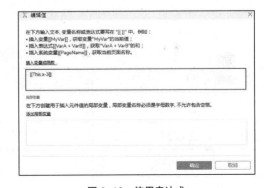

图 8-16　使用表达式

步骤 05　单击"确定"按钮。单击y文本框后的 f_x 按钮，在"编辑值"对话框中进行设置，如图8-17所示。单击"确定"按钮，设置动作如图8-18所示。

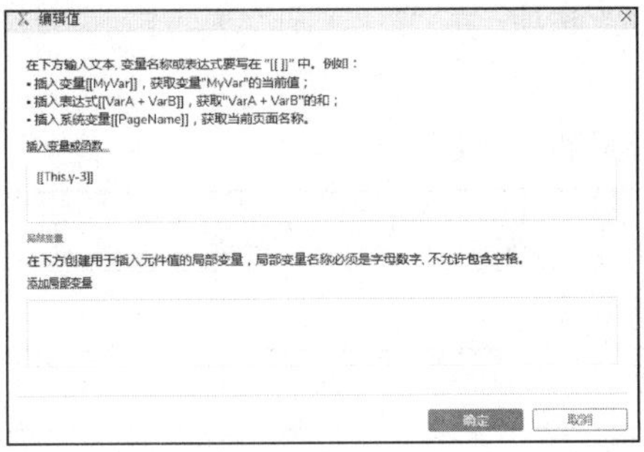

图 8-17　"编辑值"对话框

图 8-18　设置动作

步骤 06 使用相同的方法为"pic2"元件添加交互，"交互编辑器"对话框如图8-19所示。制作完成后的预览效果如图8-20所示。

图 8-19 "交互编辑器"对话框

图 8-20 预览效果

8.2.3 页面函数

单击"编辑文本"对话框中的"插入变量或函数"选项，在"页面"选项下可以看到 1 个页面函数，如表 8-3 所示。

表 8-3 页面函数

函数名称	说明
PageName	获取当前页面的名称

8.2.4 窗口函数

单击"编辑文本"对话框中的"插入变量或函数"选项，在"窗口"选项下可以看到 4 个窗口函数，如表 8-4 所示。

表 8-4 窗口函数

函数名称	说明
Window.width	获取浏览器的当前宽度
Window.height	获取浏览器的当前高度
Window.scrollX	获取浏览器的水平滚动距离
Window.scrollY	获取浏览器的垂直滚动距离

8.2.5 鼠标指针函数

单击"编辑文本"对话框中的"插入变量或函数"选项，在"鼠标指针"选项下可以看到 7 个鼠标指针函数，如表 8-5 所示。

表 8-5 鼠标指针函数

函数名称	说明
Cursor.x	获取鼠标指针当前位置的横坐标
Cursor.y	获取鼠标指针当前位置的纵坐标
DragX	整个拖曳过程中，鼠标指针在水平方向上移动的距离

函数名称	说明
DragY	整个拖曳过程中,鼠标指针在垂直方向上移动的距离
TotalDragX	整个拖曳过程中,鼠标指针在水平方向上移动的距离
TotalDragY	整个拖曳过程中,鼠标指针在垂直方向上移动的距离
DragTime	鼠标拖曳操作的总时长。从按下鼠标左键到释放鼠标左键的总时长,中间过程中,如果未移动鼠标位置,也计算时长

课堂操作——设计制作产品局部放大效果

扫码看视频

源文件: 8-2-5.rp   **操作视频:** 034.mp4

步骤 01 新建一个Axure RP 9文件,使用"图片"元件插入图片并调整大小为400×400,将其命名为"pic",如图8-21所示。将"动态面板"元件拖曳到页面中,将其命名为"mask"。双击编辑State1,为其指定填充图片效果,如图8-22所示。并将其设置为隐藏。

图 8-21　使用"图片"元件

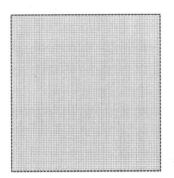

图 8-22　设置填充图片

步骤 02 返回"page1",再次拖入一个"动态面板"元件,将其命名为"zoombig",如图8-23所示。双击编辑State1,导入一张图片,并将其命名为"bigpic",如图8-24所示。

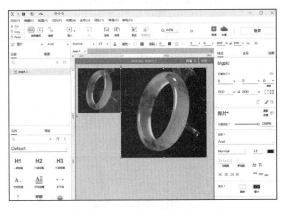

图 8-23　使用"动态面板"元件

图 8-24　为元件设置名称

步骤 03 单击"关闭"按钮,返回"page 1",单击工具栏上的"隐藏"按钮,将"zoombig"元件隐藏。使用"热区"元件创建一个和图片大小一致的热区,并将其命名为"requ",如图8-25所示。选中"热区"元件,为其添加"鼠标移入时"事件,再添加"显示/隐藏"动作,设置参数如图8-26所示。

图 8-25 使用"热区"元件

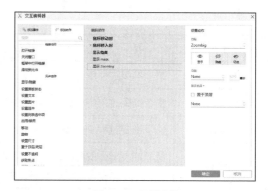

图 8-26 设置参数

步骤 04 添加"鼠标移出时"事件，再添加"显示/隐藏"动作，如图8-27所示。添加"鼠标移动时"事件，选中"移动"动作，选择"mask"动态面板，设置"边界"的各项参数，如图8-28所示。

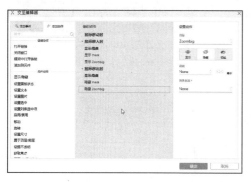

图 8-27 设置动作（1）

图 8-28 设置"边界"的各项参数

步骤 05 设置"移动"选项为"到达"，单击x文本框后的 f_x 按钮，设置鼠标指针函数如图8-29所示。按同样的方式，单击y文本框后的 f_x 按钮，设置鼠标指针函数如图8-30所示。

图 8-29 设置鼠标指针函数（1）

图 8-30 设置鼠标指针函数（2）

步骤 06 单击"移动"动作后面的"添加目标"按钮，勾选"bigpic"复选框，选择"移动"选项为"到达"，单击x文本框后的 f_x 按钮，单击"添加局部变量"选项，新建一个局部变量，如图8-31所示。输入图8-32所示表达式，用来控制大图的显示。

图 8-31 添加局部变量

图 8-32 输入表达式

步骤 07 使用相同的方法设置y文本框的值，如图8-33所示。单击"确定"按钮，返回"page1"，单击"预览"按钮，预览效果如图8-34所示。

图 8-33　设置动作（2）

图 8-34　预览效果

8.2.6　数字函数

单击"编辑文本"对话框中的"插入变量或函数"选项，在"数字"选项下可以看到 3 个数字函数，如表8-6 所示。

表 8-6　数字函数

函数名称	说明
toExponential(decimalPoints)	对象的值转换为指数计数法。decimalPoints 为小数点后保留的小数位数
toFixed(decimalPoints)	将一个数字转换为保留指定小数位数的数字，超出的后面小数位将自动进行四舍五入。decimalPoints 为小数点后保留的小数位数
toPrecision(length)	将数字格式化为指定的长度，小数点不计算长度，length 为指定的长度

8.2.7　字符串函数

单击"编辑文本"对话框中的"插入变量或函数"选项，在"字符串"选项下可以看到 15 个字符串函数，如表 8-7 所示。

表 8-7　字符串函数

函数名称	说明
length	获取当前文本对象的长度，即字符长度，1 个汉字的长度按 1 计算
charAt(index)	获取当前文本对象指定位置的字符，index 为大于等于 0 的整数，字符位置从 0 开始计数，0 为第一位
charCodeAt(index)	获取当前文本对象中指定位置字符的 Unicode 编码（中文编码段 19 968 ~ 40 622）；字符起始位置从 0 开始。index 为大于等于 0 的整数
concat('string')	将当前文本对象与另外一个字符串组合，string 为组合后显示在后方的字符串

函数名称	说明
indexOf('searchValue')	从左至右查询字符串在当前文本对象中首次出现的位置。未查询到，返回值为 −1。参数 searchValue 为查询的字符串；start 规定查询的起始位置，官方虽未说明相关内容，但经测试是可用的。官方默认没有 start，则是从文本的最左侧开始查询
lastIndexOf('searchValue')	从右至左查询字符串在当前文本对象中首次出现的位置。未查询到，返回值为 −1。参数 searchValue 为查询的字符串；start 规定查询的起始位置，官方虽未说明相关内容，但经测试是可用的。官方默认没有 start，则是从文本的最右侧开始查询
replace('searchValue','new Value')	用新的字符串替换文本对象中指定的字符串。参数 newvalue 为新的字符串，searchvalue 为被替换的字符串
slice(start,end)	从当前文本对象中截取从指定位置开始到指定位置结束之间的字符串。参数 start 为截取部分的起始位置，该数值可为负数。负数代表从文本对象的尾部开始，−1 表示末位，−2 表示倒数第二位。end 为截取部分的结束位置，可省略，省略则表示从截取开始位置至文本对象的末位。这里提取的字符串不包含结束位置
split('separator',limit)	将当前文本对象中与分隔字符相同的字符转换为"，"，形成多组字符串，并返回从左开始的指定组数。参数 separator 为分隔字符，分隔字符可以为空，为空时将分隔每个字符为一组；limit 为返回组数的数值，该参数可以省略，省略该参数则返回所有字符串组
substr(start,length)	当前文本对象中从指定起始位置截取一定长度的字符串。参数 start 为截取的起始位置，length 为截取的长度，该参数可以省略，省略则表示从起始位置一直截取到文本对象末尾
substring(from,to)	从当前文本对象中截取从指定位置开始到另一指定位置区间的字符串。参数 from 为指定区间的起始位置，to 为指定区间的结束位置，该参数可以省略，省略则表示从起始位置截取到文本对象的末尾。这里提取的字符串不包含结束位置
toLowerCase()	将文本对象中所有的大写字母转换为小写字母
toUpperCase()	将文本对象中所有的小写字母转换为大写字母
trim	删除文本对象两端的空格
toString()	将一个逻辑值转换为字符串

8.2.8　数学函数

单击"编辑文本"对话框中的"插入变量或函数"选项，在"数学"选项下可以看到 22 个数学函数，如表 8-8 所示。

表 8-8　数学函数

函数名称	说明
+	加，返回前后两个数的和
−	减，返回前后两个数的差
*	乘，返回前后两个数的乘积
/	除，返回前后两个数的商
%	余，返回前后两个数的余数
abs(x)	计算参数值的绝对值，参数 x 为数值
acos(x)	获取一个数值的反余弦弧度值，其范围是 0 ~ π。参数 x 为数值，范围是 −1 ~ 1
asin(x)	获取一个数值的反正弦值，参数 x 为数值，范围是 −1 ~ 1
atan(x)	获取一个数值的反正切值，参数 x 为数值
atan2(y,x)	获取某一点 (x,y) 的角度值，参数 x、y 为点的坐标数值。返回 −π ~ π 的值，是从 x 轴正向逆时针旋转到点 (x,y) 经过的角度
ceil(x)	向上取整函数，获取大于或者等于指定数值的最小整数，参数 x 为数值
cos(x)	获取一个数值的余弦函数，返回 −1 ~ 1 的数，参数 x 为弧度数值
exp(x)	获取一个数值的指数函数，计算以 e 为底的指数，参数 x 为数值。返回 e 的 x 次幂。e 代表自然对数的底数，其值近似为 2.718 28。如 exp(1)，输出 2.718 281 828 459 045
floor(x)	向下取整函数，获取小于或者等于指定数值的最大整数，参数 x 为数值
log(x)	对数函数，计算以 e 为底的对数值，参数 x 为数值
max(x,y)	获取参数中的最大值。参数"x,y"表示多个数值，不一定为 2 个数值
min(x,y)	获取参数中的最小值。参数"x,y"表示多个数值，不一定为 2 个数值
pow(x,y)	幂函数，计算 x 的 y 次幂。参数 x 为底数，x 为大于等于 0 的数字；参数 y 为指数，y 为整数，不能为小数
random()	随机数函数，返回一个 0 ~ 1 的随机数。示例获取 10 ~ 15 范围内的随机小数，计算公式为 Math.random()*5+10
sin(x)	正弦函数。参数 x 为弧度数值
sqrt(x)	平方根函数。参数 x 为数值
tan(x)	正切函数。参数 x 为弧度数值

课堂操作——设计制作计算器

源文件： 8-2-8.rp　　　　　　　**操作视频：** 035.mp4

步骤 01 新建一个Axure RP 9文件。使用"矩形3"元件、"文本框"元件、"文本标签"元件和"主要按钮"元件完成页面的制作，如图8-35所示。分别为"文本框"元件和"按钮"元件设置名称，如图8-36所示。

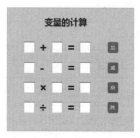

图 8-35　设计制作页面

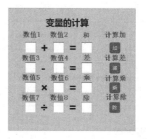

图 8-36　设置元件名称

步骤 02 选择"计算加"按钮元件，添加"单击时"事件，再添加"设置变量值"动作，单击"添加全局变量"按钮，新建全局变量a，如图8-37所示。使用相同的方法，新建全局变量b，如图8-38所示。

图 8-37　添加并设置全局变量（1）

图 8-38　添加并设置全局变量（2）

步骤 03 添加"设置文本"动作，在"目标"选项下选择"和"选项，单击"值"选项下文本框右侧的 f_x 按钮，插入图8-39所示的表达式。单击"确定"按钮，设置动作如图8-40所示。

图 8-39　插入表达式

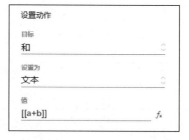

图 8-40　设置动作

步骤 04 单击"确定"按钮，页面效果如图8-41所示。单击"预览"按钮，页面预览效果如图8-42所示。

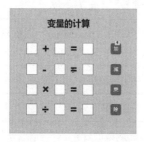

图 8-41　页面效果（1）

图 8-42　页面预览效果（1）

步骤 05 使用相同的方法，依次为其他几个"按钮"元件添加交互，完成后的页面效果如图8-43所示。页面预览效果如图8-44所示。

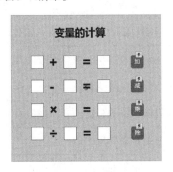

图 8-43 页面效果（2）

图 8-44 页面预览效果（2）

8.2.9 日期函数

单击"编辑文本"对话框中的"插入变量或函数"选项，在"日期"选项下可以看到 40 个日期函数，如表 8-9 所示。

表 8-9 日期函数

函数名称	说明
Now	返回计算机系统当前设定的日期和时间值
GenDate	获得生成 Axure 原型的日期和时间值
getDate()	返回 Date 对象属于哪一天的值，可取值 1 ~ 31
getDay()	返回 Date 对象为一周中的哪一天，可取值 0 ~ 6，周日的值为 0
getDayOfWeek()	返回 Date 对象为一周中的哪一天，表示为该天的英文表达，如周六表示为"Saturday"
getFullYear()	获得日期对象的 4 位年份值，如 2015
getHours()	获得日期对象的小时值，可取值 0 ~ 23
getMilliseconds()	获得日期对象的毫秒值
getMinutes()	获得日期对象的分钟值，可取值 0 ~ 59
getMonth()	获得日期对象的月份值
getMonthName()	获得日期对象的月份的名称，根据当前系统时间关联区域的不同，会显示不同的名称
getSeconds()	获得日期对象的秒值，可取值 0 ~ 59
getTime()	获得 1970 年 1 月 1 日迄今为止的毫秒数
getTimezoneOffset()	返回本地时间与格林尼治平时 (GMT) 的分钟值
getUTCDate()	根据世界标准时间，返回 Date 对象属于哪一天的值，可取值 1 ~ 31
getUTCDay()	根据世界标准时间，返回 Date 对象为一周中的哪一天，可取值 0 ~ 6，周日的值为 0

函数名称	说明
getUTCFullYear()	根据世界标准时间，获得日期对象的 4 位年份值，如 2015
getUTCHours()	根据世界标准时间，获得日期对象的小时值，可取值 0 ~ 23
getUTCMilliseconds()	根据世界标准时间，获得日期对象的毫秒值
getUTCMinutes()	根据世界标准时间，获得日期对象的分钟值，可取值 0 ~ 59
getUTCMonth()	根据世界标准时间，获得日期对象的月份值
getUTCSeconds()	根据世界标准时间，获得日期对象的秒值，可取值 0 ~ 59
parse(datestring)	格式化日期，返回日期字符串相对 1970 年 1 月 1 日的毫秒数
toDateString()	将 Date 对象转换为字符串
toISOString()	返回 ISOS 格式的日期
toJSON()	将日期对象进行 JSON（JavaScript Object Notation）序列化
toLocaleDateString()	根据本地日期格式，将 Date 对象转换为日期字符串
toLocaleTimeString()	根据本地时间格式，将 Date 对象转换为时间字符串
toLocaleString()	根据本地日期时间格式，将 Date 对象转换为日期时间字符串
toTimeString()	将日期对象的时间部分转换为字符串
toUTCString()	根据世界标准时间，将 Date 对象转换为字符串
UTC(year,month,day,hour, minutes, sec, millisec)	生成指定年、月、日、小时、分钟、秒和毫秒的世界标准时间对象，返回该时间相对 1970 年 1 月 1 日的毫秒数
valueOf()	返回 Date 对象的原始值
addYears(years)	将某个 Date 对象加上若干年份值，生成一个新的 Date 对象
addMonths(months)	将某个 Date 对象加上若干月值，生成一个新的 Date 对象
addDays(days)	将某个 Date 对象加上若干天数，生成一个新的 Date 对象
addHous(hours)	将某个 Date 对象加上若干小时数，生成一个新的 Date 对象
addMinutes(minutes)	将某个 Date 对象加上若干分钟数，生成一个新的 Date 对象
addSeconds(seconds)	将某个 Date 对象加上若干秒数，生成一个新的 Date 对象
addMilliseconds(ms)	将某个 Date 对象加上若干毫秒数，生成一个新的 Date 对象

课堂操作——使用日期函数

源文件：8-2-9.rp	操作视频：036.mp4

步骤 01 新建一个 Axure RP 9 文件。将"二级标题"元件拖曳到页面中，修改文本内容如图 8-45 所示。分别将两个元件命名为日期和时间，如图 8-46 所示。

扫码看视频

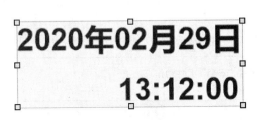

图 8-45　修改文本内容　　　　　　　　　　图 8-46　指定元件名称

步骤 02 拖曳选中两个元件，单击鼠标右键，在弹出的快捷菜单中选择"转换为动态面板"命令，如图8-47所示。将动态面板命名为"动态时间"，如图8-48所示。

图 8-47　转换为动态面板　　　　　　　　图 8-48　将动态面板命名为"动态时间"

步骤 03 在"概要"面板中State1项目上单击鼠标右键，选择"重复状态"选项，复制效果如图8-49所示。

步骤 04 在页面空白处单击，添加"载入时"事件，再添加"设置面板状态"动作，选择"状态"为"下一项"，勾选"向后循环"复选框，"循环间隔"设置为1000毫秒，如图8-50所示。

图 8-49　复制效果　　　　　　　　　　图 8-50　设置动作

步骤 05 单击"确定"按钮。选中"动态时间"元件，为其添加"状态改变时"事件，再添加"设置文本"动作，将"时间"元件设置为目标，单击"值"选项文本框后面的 f_x 按钮，在"编辑文本"对话框中插入图8-51所示表达式。

步骤 06 单击"确定"按钮，"设置动作"参数如图8-52所示。

图 8-51　插入表达式　　　　　　　　　　图 8-52　"设置动作"参数

提示： concat() 这个函数是在字符串后面附加字符串，主要是在月、日、时、分、秒之前加上 0。substr() 这个函数是从字符串的指定位置开始，截取固定长度的字符串，起始位置从 0 开始；length 的主要功能是取得目标字符串的长度。

步骤 07 单击"确定"按钮，将"日期"元件设置为目标，设置"日期"元件动作如图8-53所示。继续使用相同的方法再次添加母版并设置动作，"交互编辑器"对话框如图8-54所示。

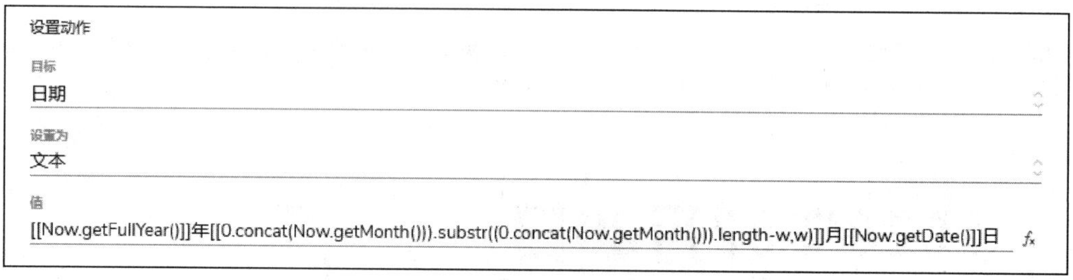

设置动作

目标
日期

设置为
文本

值
[[Now.getFullYear()]]年[[0.concat(Now.getMonth())).substr({0.concat(Now.getMonth())).length-w,w)]]月[[Now.getDate()]]日   *fx*

图 8-53　设置"日期"元件动作

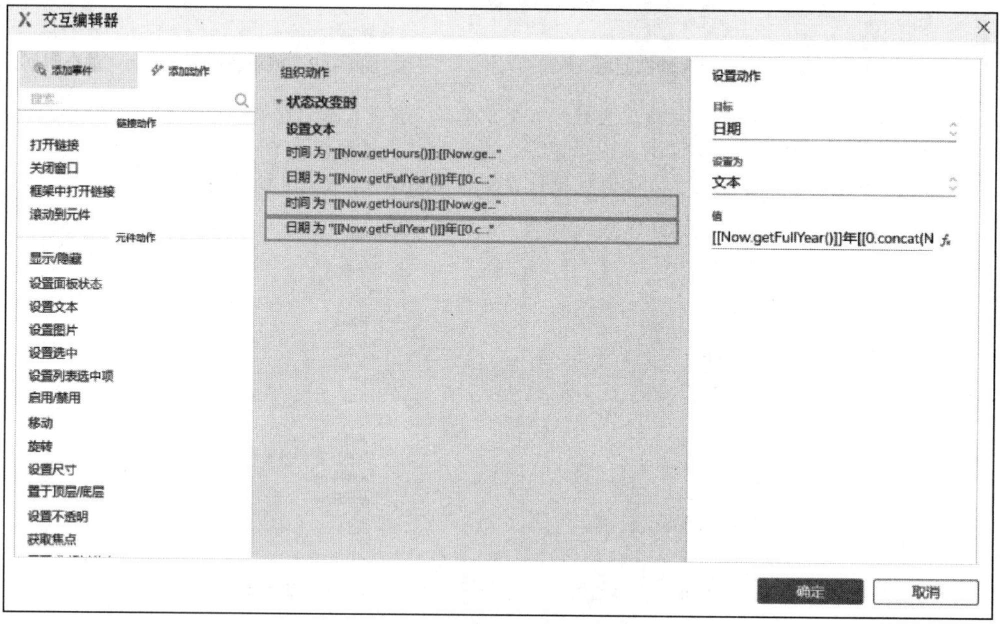

图 8-54　"交互编辑器"对话框

步骤 08 单击"确定"按钮，页面效果如图8-55所示。单击工具栏上的"预览"按钮，页面预览效果如图8-56所示。

图 8-55　页面效果

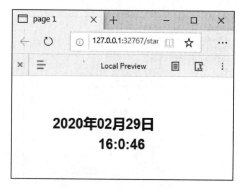

图 8-56　页面预览效果

8.3 本章小结

本章主要讲解了 Axure RP 9 中函数的使用方法和技巧。通过学习，读者应能在理解函数的概念和作用的同时，熟练掌握常用函数的使用方法和设置技巧，并能够将函数应用到网页原型制作中。

8.4 课后练习——设计制作商品购买页面

掌握 Axure RP 9 中函数的使用方法后，读者应通过多次练习加深对相关知识点的理解。通过设计制作商品购买页面进一步理解函数的使用。

扫码看视频

步骤 01 使用元件完成商品购买页面的制作，如图8-57所示。

步骤 02 选择"增加"元件，在"交互编辑器"对话框中添加交互，如图8-58所示。

图 8-57 使用元件制作页面

图 8-58 为"增加"元件添加交互

步骤 03 选择"减少"元件，在"交互编辑器"对话框中添加交互，如图8-59所示。

步骤 04 单击"确定"按钮，完成交互添加，页面预览效果如图8-60所示。

图 8-59 为"减少"元件添加交互

图 8-60 页面预览效果

8.5 课后测试

完成本章内容的学习后，通过几道课后习题测验读者对 Axure RP 9 相关知识的学习效果，同时加深读者对所学知识的理解。

8.5.1 选择题

1. 单击（　　）按钮，可以进入"编辑值"对话框。
A. Itemcount
B. Fx
C. This
D. Text
2. 下列选项中能实现设置浏览器页面水平滚动的距离的是（　　）。
A. Window.width
B. Window.height
C. Window.scrollX
D. Window.scrollY
3. 下列选项中不属于数字函数的是（　　）。
A. toExponential（decimalPoints）
B. toFixed（decimalPoints）
C. toPrecision（length）
D. TotalDrag
4. 下列选项中不属于日期函数的是（　　）。
A. Now
B. GenDate
C. getTime
D. floor
5. 下列数学函数中，表示返回 x 和 y 两个数的最大值的是（　　）。
A. max（x, y）
B. min（x, y）
C. random（）
D. 以上都不是

8.5.2 填空题

1. Axure RP 9 中按照函数功能的不同将函数分为 9 类，分别是＿＿＿＿＿＿、＿＿＿＿＿＿、＿＿＿＿＿＿、＿＿＿＿＿＿、＿＿＿＿＿＿、＿＿＿＿＿＿、＿＿＿＿＿＿、＿＿＿＿＿＿和＿＿＿＿＿函数。
2. ＿＿＿＿＿＿函数是在字符串后面附加字符串，主要是在月、日、时、分、秒之前加上 0。＿＿＿＿＿＿这个函数是从字符串的指定位置开始，截取固定长度的字符串，起始位置从 0 开始。
3. 获得生成 Axure 原型的日期和时间值的函数为＿＿＿＿＿＿。
4. ＿＿＿＿＿＿函数提取字符串的片段，并返回被提取的部分。
5. ＿＿＿＿＿＿函数返回 x 和 y 两个数的最大值，＿＿＿＿＿＿函数返回 x 和 y 两个数的最小值。

8.5.3 操作题

根据前面所学的内容，设计制作电子日历 App 原型。

第 9 章

使用中继器

当产品原型中有重复的对象时，可以使用中继器。使用中继器可以使产品原型效果更加逼真，制作效率更快。本章将针对中继器的相关内容进行讲解，帮助读者了解中继器的组成以及掌握中继器数据集和项目列表的操作方法。

本章知识点

- 理解中继器的概念
- 掌握使用"中继器"元件的方法
- 掌握数据集的操作方法
- 掌握项目列表的操作方法
- 掌握中继器 / 数据集函数的使用

9.1 中继器

"中继器"元件是 Axure RP 9 中的一款高级元件，是一个存放数据集的容器。用户可使用中继器来显示商品列表、联系人信息列表和数据表等。

"中继器"元件由中继器数据集中的数据项填充，数据项可以是文本、图片或页面链接。将"中继器"元件从"元件"面板中拖曳到页面中，如图 9-1 所示。

双击页面中的"中继器"元件，进入中继器编辑模式，如图 9-2 所示。用户可以在这种模式下对中继器进行编辑，编辑完成后单击右上角的"关闭"按钮，退出中继器编辑模式，返回页面编辑模式。

图 9-1 使用"中继器"元件

默认情况下，"中继器"元件显示为 1 列 3 行，其显示数量与"样式"面板中的"数据"选项下的行一致，如图 9-3 所示。

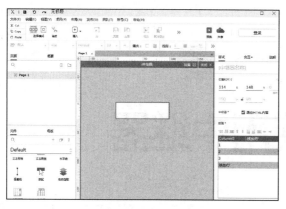

图 9-2 中继器编辑模式

图 9-3 "样式"面板

9.1.1 数据集

数据集就是一个数据表，位于"样式"面板中，如图 9-4 所示。数据集可以包含多行多列。单击"添加行"或"添加列"即可完成行或列的添加，也可以通过单击顶部的图标完成添加、删除等操作，编辑数据集的图标如图 9-5 所示。

图 9-4 数据集

图 9-5 编辑数据集的图标

提示： 双击列名可以对其进行编辑。需要注意的是，列名只能由字母、数字和"_"组成，且不能以数字开头。

数据集中的内容可以包含文本、图片和页面。在单元格上右击，在弹出的快捷菜单中选择"引用页面"命令，在弹出的"引用页面"对话框中选择要引用的页面后，即可完成页面的引用，如图 9-6 所示。

在单元格上右击，在弹出的快捷菜单中选择"导入图片"命令，在弹出的"打开"对话框中选择要打开的图片，即可完成图片的导入，如图 9-7 所示。

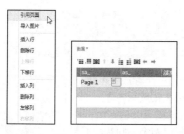

图 9-6 引用页面

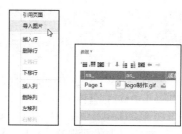

图 9-7 导入图片

小技巧： 数据集的表格可以直接进行编辑。如果遇到的数据较多时，可以选择在 Excel 中进行编辑，通过复制，将数据粘贴到数据集中。

提示： 从 Excel 复制到数据集中的数据末尾会有一个多余的空行，为了避免不必要的错误，要将其删除。

9.1.2　项目交互

项目交互主要用于将数据集中的数据传递到产品原型中的元件并显示出来；或者根据数据集中的数据执行相应的动作。

单击"交互"面板上的"新建交互"按钮，即可看到项目交互事件，项目交互只有"载入时""每项加载""列表项尺寸改变"3 个触发事件，如图 9-8 所示。

3 个触发事件中，比较常用的是"每项加载"事件。选中"中继器"元件，在"交互编辑器"对话框中可以看到添加"每项加载"事件的动作设置，如图 9-9 所示。

图 9-8　项目交互事件

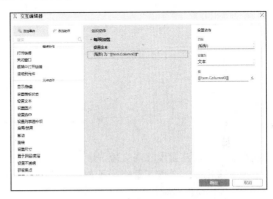

图 9-9　"每项加载"事件的动作设置

9.1.3　样式设置

选中"中继器"元件，用户可以在"样式"面板中设置其元件样式，如图 9-10 所示。用户除了可以对与其他元件相同的"填充""线段""圆角""边距"样式进行设置外，还能对"中继器"元件特有的"间距""布局""背景""分页"样式进行设置，如图 9-11 所示。

图 9-10　设置元件样式

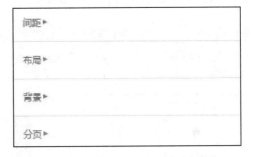

图 9-11　设置"中继器"元件特有样式

1. 布局

在"布局"选项下，默认情况下为"垂直"布局方式，如图 9-12 所示。选择"水平"方式，元件更改为水平布局，如图 9-13 所示。

图 9-12　垂直布局

图 9-13　水平布局

勾选"网格排布"复选框，用户可以将"中继器"元件项目排列为网格形式，并可以设置每行中项目的数量。每行为 2 个项目的排列效果如图 9-14 所示。

图 9-14　每行为 2 个项目的排列效果

2．背景

用户通过勾选"交替颜色"复选框，可以分别设置"颜色"和"交替"颜色，实现中继器背景交替效果，如图 9-15 所示。

图 9-15　中继器背景交替效果

提示： 要想正确显示背景交替效果，需要双击进入中继器编辑模式，修改"填充"不透明性为 0%，否则将不能显示交替效果。

3．分页

在"分页"选项下，用户可以设置"中继器"元件的分页显示功能。勾选"多页显示"复选框，用户可以在"每页项数量"文本框中输入每页项目的数量，在"起始页"文本框中设置起始页码，如图 9-16 所示。

图 9-16　设置分页

课堂操作——使用中继器制作产品页面

扫码看视频

源文件： 9-1-3.rp	**操作视频：** 037.mp4

步骤 01 新建一个 Axure RP 9 文件。将"中继器"元件从"元件"面板中拖曳到页面中，如图 9-17 所示。双击进入项目编辑页面，使用"图片"元件和"文本标签"元件完成图 9-18 所示的页面。

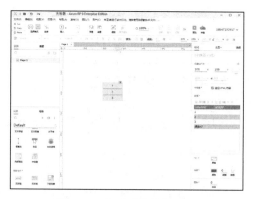

图 9-17　使用"中继器"元件

图 9-18　使用元件制作页面

步骤 02 分别为页面中的元件指定名称，如图 9-19 所示。返回 page1 页，在"样式"面板中输入各项产品的数据，在 pic 单元格中右击，选择"导入图片"选项，导入图片，完成效果如图 9-20 所示。

图 9-19 指定元件名称

图 9-20 完成效果

步骤 03 在"样式"面板中"布局"选项下设置为"水平",勾选"网格排布"复选框,设置每行项数量为 2,行和列的间距都设置为 10,如图 9-21 所示。页面排列效果如图 9-22 所示。

图 9-21 设置布局和间距

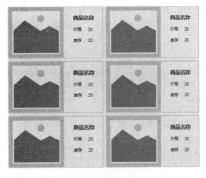

图 9-22 页面排列效果

步骤 04 在"交互编辑器"对话框中将"设置文本"动作下的设置删除,添加"name"元件为目标,单击"值"选项文本框右侧的 f_x 按钮,设置"编辑文本"对话框如图 9-23 所示。单击"确定"按钮,设置动作如图 9-24 所示。

图 9-23 设置"编辑文本"对话框

图 9-24 设置动作

步骤 05 使用相同的方法,分别为"JG"和"KC"设置动作,如图 9-25 所示。

图 9-25 分别为"JG"和"KC"设置动作

步骤 06 添加"设置图片"动作，添加"pic"为目标，在"设置默认图片"中选择"值"，单击右侧的 f_x 按钮，设置"编辑值"对话框如图9-26所示。返回page1页面，页面效果如图9-27所示。

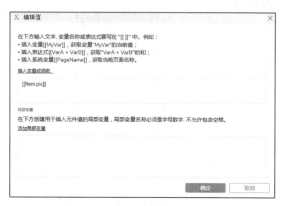

图 9-26 设置"编辑值"对话框

图 9-27 页面效果

9.2 数据集的操作

掌握了中继器的相关内容后学习一下中继器数据集的操作。数据集可以完成添加、删除和修改等操作，并能够实时呈现。这就让产品原型的效果更加丰富、逼真。同时中继器还具有筛选功能，能够让数据按照不同的条件排列。

9.2.1 设置分页与数量

通过数据集填充中继器的数据，如果希望这些数据能够分页显示，可以通过"样式"面板设置分页。然后通过"设置当前显示页面"动作，来动态设置"中继器"元件默认显示的数据页，如图9-28所示。

设置每页项目数量，允许改变当前可见页的数据项的数量，如图9-29所示。

● 显示全部列表项：设置中继器在一页中显示所有项。

● 每页显示多少项：设置中继器每页显示数据项的数量。

图 9-28 设置当前显示页面

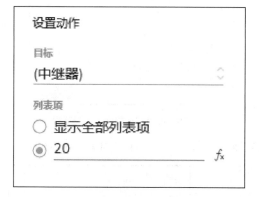

图 9-29 设置每页数据项的数量

课堂操作——使用中继器添加分页

扫码看视频

源文件：9-2-1.rp	操作视频：038.mp4

步骤 01 打开9.1.3节中的源文件，页面效果如图9-30所示。在"交互编辑器"对话框中添加"页面载入时"事件，选择"设置每页项目数量"动作，选中"中继器"，设置显示数量为4，如图9-31所示。

图 9-30 页面效果

图 9-31 设置显示数量

步骤 02 单击 "确定" 按钮后预览页面, 预览效果如图9-32所示。要实现分页效果, 可以设置 "样式" 面板中 "布局" 选项下的参数如图9-33所示。

图 9-32 预览效果

图 9-33 设置 "布局" 选项下的参数

步骤 03 使用 "按钮" 元件创建图9-34所示效果。选中 "首页" 按钮, 在 "交互编辑器" 对话框中添加 "单击时" 事件, 再选择 "设置当前显示页面" 动作, 选中 "中继器" 选项, 选择页面为Value, 页码为1, 如图9-35所示。

图 9-34 使用 "按钮" 元件

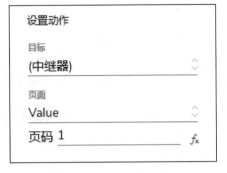

图 9-35 设置当前显示页面

步骤 04 使用同样的方式为 "尾页" 按钮选择Last, 为 "上一页" 按钮选择Previous, 为 "下一页" 按钮选择Next, 效果如图9-36所示。

图 9-36 为其他几个按钮添加交互效果

步骤 05 单击 "预览" 按钮或按组合键【Ctrl+.】预览页面, 预览页面效果如图9-37所示。

图 9-37 预览页面效果

提示： 在"样式"面板中设置的分页效果将直接显示在页面中，而通过脚本实现的效果则只能在预览页面时才显示。

9.2.2 添加和移除排序

使用中继器的"添加排序"动作可以对数据集中的数据项进行排序，在"交互编辑器"对话框中的"设置动作"面板中设置各项参数，如图9-38所示。

使用中继器的"移除排序"动作可以移除已添加的排序规则，用户可以在"交互编辑器"对话框中的"设置动作"面板中选择移除所有设置或者输入名称，移除指定的设置，如图9-39所示。

图 9-38 添加排序

图 9-39 移除排序

课堂操作——使用中继器设置排序

扫码看视频

源文件：9-2-2.rp	操作视频：039.mp4

步骤 01 打开9.2.1节中的源文件，页面效果如图9-40所示。将"按钮"元件拖曳到页面中，调整大小、位置和文字内容，如图9-41所示。

图 9-40 页面效果

图 9-41 使用"按钮"元件

步骤 02 选中"按钮"元件，在"交互编辑器"对话框中为其添加"单击时"事件，选择"添加排序"动作，再选择按照价格进行"升序"排列，如图9-42所示。

步骤 03 按住键盘上的【Ctrl】键，复制"按钮"元件。将"交互编辑器"对话框中的排序设置为"降序"排列，如图9-43所示。

图 9-42 "升序"排列　　　　　　　　图 9-43 "降序"排列

步骤 04 单击"确定"按钮，返回page1页面，单击"预览"按钮或按组合键【Ctrl+.】预览页面，预览页面效果如图9-44所示。

图 9-44 预览页面效果

9.2.3 添加和移除筛选

使用中继器的"添加筛选"动作，在设置动作面板中选中中继器并给中继器添加筛选规则，如 [[Item.price<=999]]，意思是将价格数值小于等于999的数据显示出来，不符合条件的不显示，如图9-45所示。

使用中继器的"移除筛选"动作，可以把已添加的过滤移除，可以选择移除所有过滤，也可以输入过滤名称，移除指定的过滤，如图9-46所示。

图 9-45 添加筛选　　　　　　　　图 9-46 移除筛选

9.2.4 添加和删除中继器的项目

中继器的添加和删除一共包含了添加行、标记行、取消标记行、更新行和删除行5种动作。在生成的HTML原型中，中继器的项可以被添加和删除，但是要删除特定的行，必须先"标记行"。

● 添加行：使用"添加行"动作可以动态地添加数据到中继器数据集。

● 标记行："标记行"的意思就是选择想要编辑的指定行。

● 取消标记行："取消标记行"动作可以用来取消选择项。使用此动作可以取消标记当前行、取消标记全部行，或者按规则取消标记行。

● 更新行：使用"更新行"动作，可以动态地将值插入到已选择的中继器项中，可以更新已标记的行，也可以使用规则更新行。例如，首先使用"标记行"动作选中任意一款或多款商品，再使用"更新行"动作将选中商品的销量、价格和评价信息进行更新。

● 删除行：如果已经对中继器数据集中的项进行了标记行，则可以使用"删除行"动作删除已经被标记的行。另外，还可以按照规则删除行。

课堂操作——使用中继器实现自增

源文件: 9-2-4.rp   **操作视频:** 040.mp4

步骤 01 新建一个Axure RP 9文件。将"默认按钮"元件拖曳到页面中，修改按钮文字如图9-47所示。将"中继器"元件拖曳到页面中，双击修改中继器宽度，并将"数据集"栏目删除至1行，如图9-48所示。

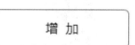

图 9-47 修改按钮文字

图 9-48 修改"中继器"元件

步骤 02 返回index页面，将"中继器"元件命名为"RE"，如图9-49所示。选择"按钮"元件，添加"单击时"事件，再添加"添加行"动作，选中"RE"，单击"添加行"按钮，如图9-50所示。

图 9-49 为元件指定名称

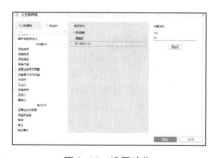

图 9-50 设置动作

步骤 03 在弹出的"添加行到中继器"对话框中单击 f_x 按钮，如图9-51所示。在弹出的"编辑值"对话框中单击"添加局部变量"按钮，设置各项参数，如图9-52所示。

图 9-51 "添加行到中继器"对话框

图 9-52 添加局部变量

步骤 04 单击"插入变量或函数"选项,插入图9-53所示表达式。单击"确定"按钮,"添加行到中继器"对话框如图9-54所示。

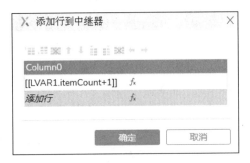

图 9-53 插入表达式　　　　　　　　　　　图 9-54 "添加行到中继器"对话框

步骤 05 双击"确定"按钮,页面效果如图9-55所示。单击"预览"按钮,页面预览效果如图9-56所示。

图 9-55 页面效果　　　　　　　　　　　图 9-56 页面预览效果

9.3 项目列表的操作

　　中继器中的项目列表通常按照输入数据的顺序进行显示。用户可以通过添加交互,实现更加丰富的显示效果,例如显示当前页码和总页码。

课堂操作——使用中继器显示页码

| **源文件:** 9-3.rp | **操作视频:** 041.mp4 |

步骤 01 打开9.2.2节中的源文件,页面效果如图9-57所示。将"文本标签"元件拖曳到页面中,设置其大小、位置和文本,如图9-58所示。

图 9-57 页面效果　　　　　　　　　　　图 9-58 使用"文本标签"元件

步骤 02 继续使用"文本标签"元件,创建图9-59所示文本标签。分别为两个元件指定名称,如图9-60所示。

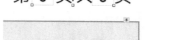

图 9-59　创建文本标签　　　　　　　　　图 9-60　为元件指定名称

步骤 03　选择"中继器"元件，在"交互编辑器"对话框中添加"载入时"事件，再选择"设置文本"动作，将"dq"元件设置为目标，设置文本为"富文本"，如图9-61所示，单击"编辑文本"按钮。在"输入文本"对话框中单击下方的"添加局部变量"选项并进行设置，如图9-62所示。

图 9-61　设置文本　　　　　　　　　　　图 9-62　添加局部变量

步骤 04　单击"插入变量或函数"选项，插入表达式并在右侧设置显示文本样式，如图9-63所示。单击"确定"按钮。将"all"元件设置为目标，使用相同的方法插入表达式并添加文本，如图9-64所示。

图 9-63　插入表达式并设置显示文本样式　　　　图 9-64　插入表达式并添加文本

提示：为了保证每一个分页面都能够正确显示总页数和当前页数，需要将显示页码的事件添加到所有控制按钮上。

步骤 05　在"交互编辑器"对话框中选择刚刚创建的动作，按组合键【Ctrl+C】或执行"复制"命令，如图9-65所示。选择底部"首页"按钮，在"交互编辑器"对话框"组织动作"中右击，选择"粘贴"命令，如图9-66所示。

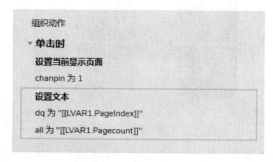

图 9-65　复制动作　　　　　　　　　　　图 9-66　粘贴动作

步骤 06 继续使用相同的方法，复制动作到其他几个按钮上。单击工具栏上的"预览"按钮，预览产品原型的效果，如图9-67所示。

图 9-67　预览产品原型的效果

9.4　本章小结

本章主要针对中继器进行讲解。通过介绍中继器的基本组成，帮助读者理解中继器的概念并熟练使用"中继器"元件。同时通过案例的形式向读者介绍中继器数据集的使用方法和技巧。熟练掌握中继器的使用方法，有利于读者设计较为复杂的网站原型效果。

9.5　课后练习——设计制作模糊搜索

掌握 Axure RP 9 中中继器的创建与编辑方法后，读者应通过多次练习加深对相关知识点的理解。接下来通过设计制作模糊搜索效果，进一步理解中继器的使用。

步骤 01 使用元件完成商品购买页面的制作，并在"样式"面板中输入数据集，如图9-68所示。

步骤 02 选中"中继器"元件，在"交互编辑器"对话框中添加交互，如图9-69所示。

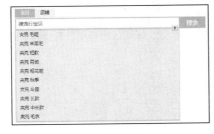

图 9-68　使用元件制作页面　　　　图 9-69　为"中继器"元件添加交互

步骤 03 选中"文本框"元件，在"交互编辑器"对话框中添加交互，如图9-70所示。

步骤 04 单击"确定"按钮，完成交互添加，预览页面效果如图9-71所示。

扫码看视频

图 9-70　为"文本框"元件添加交互　　　　图 9-71　预览页面效果

9.6 课后测试

完成本章内容的学习后，通过几道课后习题测验读者对 Axure RP 9 相关知识的学习效果，同时加深读者对所学知识的理解。

9.6.1 选择题

1. 下列选项中不能作为中继器数据项的是（　　）。
A．文本
B．视频
C．图片
D．页面链接

2. 默认情况下，"中继器"元件的显示数量与"样式"面板中的"数据"选项下的行一致。默认元件为 1 列（　　）行。
A．1
B．2
C．3
D．4

3. 用户可以在"每页项数量"文本框中输入每页项目的数量，在（　　）文本框中设置起始页码。
A．起始页
B．分页
C．项目数
D．多页显示

4. 下列选项中不属于添加和删除中继器项目的是（　　）。
A．添加行
B．更新行
C．标记行
D．移除筛选

5. 中继器动作中可以使用（　　）动作控制中继器添加行、标记行和更新行等操作。
A．数据集
B．标记行
C．选项组
D．单选组

9.6.2 填空题

1. 双击中继器列名可以对其进行编辑。需要注意的是，列名只能由＿＿＿＿＿＿、＿＿＿＿＿＿和"_"组成，且不能以＿＿＿＿＿＿开头。

2. 从 Excel 复制到数据集中的数据末尾会有一个多余的空行，为了避免不必要的错误，要将其＿＿＿＿＿＿。

3. 项目交互只有 3 个触发事件：＿＿＿＿＿＿、＿＿＿＿＿＿和＿＿＿＿＿＿。

4. 在"布局"选项下，默认情况下为＿＿＿＿＿＿布局方式。选择＿＿＿＿＿＿方式，元件则更改为水平布局。

5. 中继器具有＿＿＿＿＿＿功能，能够让数据按照不同的条件排列。

9.6.3 操作题

根据前面所学的内容，设计制作电子商务产品列表页面。

第 10 章
团队合作与输出

Axure RP 9 允许多人参与同一个项目的开发，团队中的每个人都会分到一个或多个项目模块，每个模块之间都有联系。原型设计制作完成后，需要将其发布与输出，以供使用。本章将主要向用户介绍 Axure RP 9 中使用团队项目合作的功能和方法，同时针对 Axure RP 9 发布与输出产品原型的功能进行讲解。

本章知识点

- 掌握创建团队项目的方法
- 了解 Axure 云
- 掌握发布到 Axure 云的方法
- 掌握在浏览器中查看产品原型的方法
- 了解各种生成器的使用方法

10.1 使用团队项目

一个大的项目通常不是一个人完成的，需要几个甚至几十个人共同来完成。使用团队项目可以使团队中的所有用户及时共享最新信息，并全程参与到项目的研发制作中。

10.1.1 创建团队项目

执行"文件 > 新建"命令，新建一个 Axure RP 9 文件。执行"团队 > 从当前文件创建团队项目"命令，如图 10-1 所示，即可开始创建团队项目。

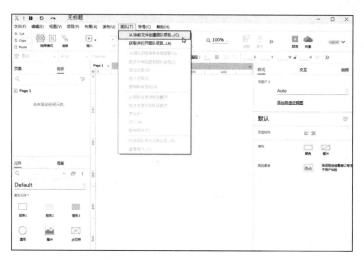

图 10-1　从当前文件创建团队项目

用户也可以执行"文件＞新建团队项目"命令，如图 10-2 所示。在弹出的"创建团队项目"对话框中创建项目，如图 10-3 所示。

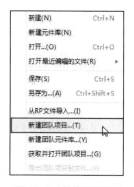 

图 10-2　新建团队项目　　　　图 10-3　"创建团队项目"对话框

用户可以在"团队项目名称"文本框中输入团队项目名称，以便团队人员查找和参与团队项目，如图 10-4 所示。第一次创建团队项目需要新建工作空间，用来保存项目，用户可以在"新建工作空间"文本框中输入空间名称，如图 10-5 所示。

图 10-4　输入团队项目名称　　　　图 10-5　输入空间名称

提示： 在给团队项目命名时，要选取简短的项目名称，名称中如果包含多个独立的单词，要使用连字符或者大写首字母，不要出现空格因为项目名称会在 URL 中使用，所以要避免空格。

用户如果已经创建过工作空间，可以单击"选择已存在的工作空间"选项，在 Axure 云中选择即可。

单击"创建团队项目"按钮，Axure RP 9 开始创建团队项目，如图 10-6 所示。稍等片刻即可完成团队项目的创建，如图 10-7 所示。

单击"保存团队项目文件"按钮，将项目文件保存在指定位置后，即可将项目文件保存到本地，如图 10-8 所示。单击"打开团队项目文件"按钮，即可打开当前项目文件，项目文件图标如图 10-9 所示。

图 10-6　创建团队项目　图 10-7　完成团队项目的创建　图 10-8　将项目文件保存到本地　图 10-9　项目文件图标

10.1.2　加入团队项目

用户可以在"创建团队项目"对话框中选择"邀请用户"和"创建 URL 公布"两种方式邀请团队人员加入项目。

1. 邀请用户

单击"邀请用户"按钮，即可打开 Axure Cloud（Axure 云）页面，如图 10-10 所示。在"ENTER EMAIL ADDRESSES"（输入邮箱地址）文本框中输入一个或多个邮箱地址，在"OPTIONAL MESSAGE"（邀请信息）文本框中输入邀请信息，单击"Invite"（邀请）按钮，即可将邀请信息发送到用户邮箱，如图 10-11 所示。

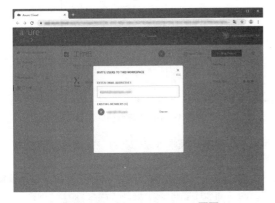

图 10-10　打开 Axure Cloud 页面

图 10-11　输入邮箱和邀请信息

2. 创建 URL 公布

单击"创建 URL 公布"按钮，也可打开 Axure Cloud（Axure 云）页面，将鼠标指针移动到项目文件上，单击"PREVIEW"（预览）按钮将预览当前页面，如图 10-12 所示。单击"INSPECT"（查看）按钮将检查当前页面，如图 10-13 所示。

图 10-12　预览当前页面　　图 10-13　检查当前页面

单击页面右侧的"Share Project"（分享项目）按钮，如图 10-14 所示，用户可以在弹出的"ENTER EMAIL ADDRESSES"（输入邮箱地址）对话框中输入邮箱和邀请信息，单击"Invite"（查看）按钮，即可将邀请信息发送到用户邮箱。

图 10-14　单击"Share Project"（分享项目）按钮

10.1.3　打开团队项目

执行"文件 > 获取并打开团队项目"命令，或者执行"团队 > 获取并打开团队项目"命令，如图 10-15 所示。弹出"获取团队项目"对话框，如图 10-16 所示。

图 10-15　执行命令

图 10-16　"获取团队项目"对话框

单击"选择团队项目"右侧的⬚按钮，用户可以在弹出的列表中选择想要打开的项目，如图 10-17 所示。单击"获取团队项目"按钮，稍等片刻，即可打开团队项目，如图 10-18 所示。

单击"保持团队项目文件"按钮，即可将团队项目文件保存在本地。单击"打开团队项目文件"按钮，即可将项目文件打开。打开后的项目页面将显示在"页面"面板中，如图 10-19 所示。

图 10-17　选择项目

图 10-18　打开团队项目

图 10-19　"页面"面板

10.1.4　编辑项目文件

单击页面右侧的蓝色图标，弹出图 10-20 所示的列表。用户可以选择"签出"选项将页面签出，签出页面右侧的图标将变为绿色的，如图 10-21 所示。

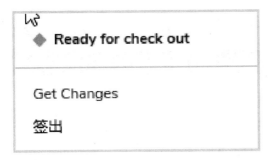

图 10-20　列表（1）

图 10-21　签出页面

页面编辑完成后，单击页面右侧的绿色图标，在弹出的列表中选择"签入"选项将页面签入，如图 10-22 所示。"进度"对话框如图 10-23 所示。

图 10-22　列表（2）

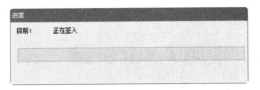

图 10-23　"进度"对话框

提示： 团队合作的重点是团队项目中的签入和签出，只有将制作完的内容全部签入后才能被团队中的其他成员看到。

签入过程中将弹出"签入"对话框，如图 10-24 所示。用户可以在该对话框中查看签入的项目并输入签入说明，如图 10-25 所示。

图 10-24　"签入"对话框

图 10-25　输入签入说明

单击"确定"按钮，继续签入操作，签入完成后，页面右侧的图标将重新变为蓝色图标，如图 10-26 所示。团队的其他成员可以单击该图标在弹出的列表中选择"Get Changes"（获得改变）选项，将当前页面更新为最新版本，如图 10-27 所示。

图 10-26　完成签入

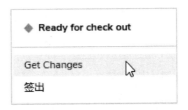

图 10-27　更新页面

用户也可以通过执行"团队"菜单下的命令完成对团队项目的各种操作，如图10-28所示。例如执行"团队 > 浏览团队项目历史记录"命令，用户可以在网页中查看当前项目的所有操作记录，如图10-29所示。

图 10-28 "团队"菜单

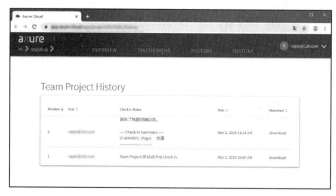

图 10-29 浏览团队项目历史记录

10.2 使用 Axure 云

Axure 云是用于存放 HTML 原型的 Axure 云主机服务。Axure 云目前托管在亚马逊网络服务平台，是一个非常可靠和安全的云环境。用户可以登录 Axure 云官方网站查看，如图 10-30 所示。

10.2.1 创建 Axure 云账号

目前，Axure 云已全部免费。每个账号被允许创建100 个项目，每个项目的大小限制为 100MB。

在使用 Axure 云之前，用户需要注册一个账号，执行"账户 > Sign in to your Axure account"（登录您的 Axure 账户）命令，如图 10-31 所示。弹出"登录"对话框，如图 10-32 所示。

> **提示：** 用户如果已经注册了 Axure 账户，可以在"登录"对话框中输入账户名称和密码后，单击"登录"按钮登录账户。

图 10-30 Axure 云官方网站

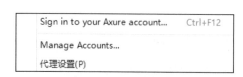

图 10-31 执行命令

图 10-32 "登录"对话框

单击"登录"对话框右下角的"注册"按钮，弹出"注册"对话框，如图 10-33 所示。输入注册邮箱和密码后，勾选"我同意 Axure 条款"复选框，单击"创建账户"按钮，即可完成 Axure 账户的注册。

创建账户后，将会自动在 Axure RP 9 中登录账户，用户名称显示在界面的右上角。用户可以通过单击界面右上角的软件界面下拉按钮查看和管理账户，如图 10-34 所示。

图 10-33 "注册"对话框

图 10-34 查看和管理账户

10.2.2 发布到 Axure 云

用户可以将原型托管在 Axure 云上并分享给利益相关者。使用 HTML 原型的讨论功能可以让利益相关者与设计团队进行离线讨论。

单击 Axure RP 9 工具栏上的"共享"按钮，如图 10-35 所示。弹出"发布项目"对话框，单击对话框顶部的"发布到 Axure 云"选项，如图 10-36 所示。

图 10-35 "共享"按钮

图 10-36 "发布项目"对话框

> **提示：** 执行"发布 > 发布到 Axure 云"命令，也可以打开"发布项目"对话框，完成将项目发布到 Axure 云的操作。

1. 发布到 Axure 云

选择"发布到 Axure 云"选项，用户输入"项目名称"和"共享链接的密码"后，单击"发布"按钮，稍等片刻，即可将当前项目发送到 Axure 云，如图 10-37 所示。

单击"复制链接"按钮复制链接。打开浏览器，将复制的内容粘贴到地址栏，即可打开 Axure 云页面，如图 10-38 所示。

图 10-37 发布到 Axure 云

图 10-38 打开 Axure 云页面

在图10-39所示文本框中输入共享链接密码后,单击"VIEW PROJECT"按钮,即可打开共享的项目。

2. 发布到本地

选择"发布到本地"选项,为项目制定本地目录后,单击"发布到本地"按钮,即可将项目文件发布到本地设备的指定位置,如图10-40所示。

图 10-39　输入共享链接密码

图 10-40　发布到本地

3. 管理服务器

选择"管理服务器"选项,弹出"管理 Axure 云服务器"对话框,用户在该对话框中可以完成账户的添加、编辑、退出和移除操作,如图10-41所示。

单击"确定"按钮,弹出"发布项目"对话框。单击对话框中的⚙图标,展开项目输出配置选项,如图10-42所示。用户可以分别针对项目的页面、说明、交互或字体进行配置。

图 10-41　"管理 Axure 云服务器"对话框

图 10-42　展开项目输出配置选项

10.3　发布查看原型

当项目完成后,单击 Axure RP 9 工具栏中的"预览"按钮或者按组合键【Ctrl+.】,如图10-43所示,即可在浏览器中查看原型效果。用户可以通过执行"发布 > 预览"命令,实现在浏览器中查看产品原型效果,如图10-44所示。

执行"团队 > 预览选项"命令,用户可以在弹出的"预览选项"对话框中设置打开项目的"浏览器"和"播放器"属性,如图10-45所示。

图 10-43　"预览"按钮

图 10-44　预览命令

图 10-45　"预览选项"对话框

1. 浏览器

● 默认浏览器:根据用户计算机中设置的默认浏览器,在该默认浏览器中打开项目文件。

● Edge:项目文件将在指定的 Edge 浏览器中打开。

提示: 如果系统中安装了其他浏览器,Axure RP 9 则会自动识别并添加到"预览选项"对话框"浏览器"下供用户选择使用。

2.播放器

● 默认：选择此选项，浏览器将在页面顶部显示页面列表。

● 打开页面列表：选择此选项，预览产品原型时将把页面列表显示在页面的左侧，如图 10-46 所示。

● 最小化：选择此选项，预览产品原型时将隐藏工具栏和页面列表，如图 10-47 所示。单击浏览器窗口左上角位置，即可显示工具栏和页面列表。

图 10-46　左侧显示页面列表

图 10-47　隐藏工具栏和页面列表

10.4　使用生成器

在输出项目文件之前，要了解生成器的概念。所谓生成器就是为用户提供的不同的生成标准。在 Axure RP 9 中包含 HTML 生成器和 Word 生成器两种。用户可以在"发布"菜单下找到这两种生成器，如图 10-48 所示。

图 10-48　"发布"菜单

10.4.1　HTML 生成器

执行"发布＞生成 HTML 文件"命令，如图 10-49 所示。弹出"发布项目"对话框，如图 10-50 所示。

图 10-49　执行"发布＞生成 HTML 文件"命令

图 10-50　"发布项目"对话框

在"发布项目"对话框中可以配置"HTML1（默认）"生成器的选项，如图 10-51 所示；也可以单击"HTML 1（默认）"选项，在弹出的下拉列表中选择"新建配置"选项，创建多个不同的 HTML 生成器，如图 10-52 所示。

图 10-51　"HTML 1（默认）"生成器

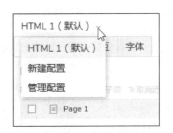

图 10-52　选择"新建配置"选项

提示： 通过创建多个 HTML 生成器，可以将大型项目中的页面切分成多个部分输出，以加快生成的速度。

"发布项目"对话框中 HTML 生成器各项参数解释如下。

1. 页面

用户可以在"页面"选项卡中选择发布的页面，默认情况下，将发布全部页面，如图 10-53 所示。取消勾选"发布全部页面"复选框后，可以在下方列表中任意选择要发布的页面，如图 10-54 所示。

图 10-53　发布全部页面

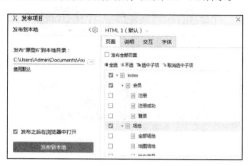

图 10-54　选择要发布的页面

当项目文件中页面过多时，用户可以通过单击"全选""不选""选中子项""取消选中子项"4 个按钮快速完成发布页面的选择，如图 10-55 所示。

2. 说明

用户可以在"说明"选项卡中选择发布文件中是否包含"元件说明"和"页面说明"，让 HTML 文档的页面说明更加结构化，如图 10-56 所示。

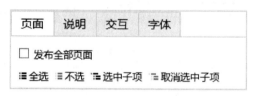

图 10-55　页面选择按钮

3. 交互

用户可以在"交互"选项卡中对页面中的交互"情形动作"和"元件引用页面"进行设置，以确保能够获得更好的页面交互效果，如图 10-57 所示。

图 10-56　"说明"选项卡

图 10-57　"交互"选项卡

4. 字体

在 Axure RP 9 中默认字体是 Arial 字体，用户可以通过在"字体"选项卡中添加字体和字体映射，获得更好的页面预览效果，如图 10-58 所示。

执行"发布 > 重新生成当前页面的 HTML 文件"命令，可以再次发布当前页面的 HTML 文件，发布后将覆盖以前发布的页面。

提示： 对于响应式的 Web 项目文件，HTML 原型是较好的展示方式。

图 10-58　"字体"选项卡

10.4.2 Word 生成器

用户可以使用 Word 生成器将原型文件输出为 Word 说明文件。Axure RP 9 默认对 Word 2007 支持得比较好，并自带 Office 兼容包。生成的文件格式是 DOCX。如果需要低版本的 Word 文件，则需要通过转化获得。

执行"发布 > 生成 Word 说明书"命令，如图 10-59 所示。用户可以在弹出的"生成说明书"对话框中完成 Word 说明书的创建，如图 10-60 所示。

图 10-59　生成 Word 说明书

图 10-60　"生成说明书"对话框

"生成说明书"对话框中各项参数解释如下。

1. 常规

在该选项卡下，用户可以设置生成的 Word 说明书的位置和名称。

2. 页面

在该选项卡下，用户可以选择 Word 说明书中包含的内容。其和 HTML 生成器中的页面说明一样，可以让页面更加结构化，如图 10-61 所示。

3. 母版

在该选项卡下，用户可以选择需要出现在 Word 说明书中的母版和形式，如图 10-62 所示。

图 10-61　"页面"选项卡

图 10-62　"母版"选项卡

4. 属性

在该选项卡下，用户可以选择生成 Word 说明书时是否包含页面说明、页面交互、母版列表、母版使用情况报告、动态面板和中继器等内容，如图 10-63 所示。

5. 快照

Axure RP 9 生成 Word 说明书功能的一项特别节省时间的方式就是自动生成所有页面的屏幕快照。在该选项卡下，用户可以设置所有页面的屏幕快照都自动更新，还可以同时创建脚注等，如图 10-64 所示。

图 10-63　"属性"选项卡

图 10-64　"快照"选项卡

6. 元件

在该选项卡下为元件提供了多种选项配置功能，可以对 Word 文档中包含的元件说明信息进行管理，如图 10-65 所示。

7. 布局

在该选项卡下提供了 Word 说明书页面布局的选择，用户可以选择采用单列或多列的方式排列页面，如图 10-66 所示。

图 10-65 "元件"选项卡

图 10-66 "布局"选项卡

8. 模板

在该选项卡下用户可以完成 Word 说明书中模板的设置。用户可以选择使用 Word 内置样式或 Axure 默认样式创建模板文件，并将模板文件应用到 Word 说明书中，如图 10-67 所示。设置完各项参数后，单击"创建说明书"按钮，即可完成 Word 说明书的创建，Word 说明书如图 10-68 所示。

图 10-67 "模板"选项卡

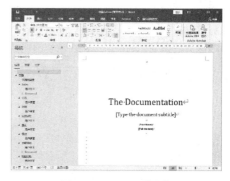

图 10-68 Word 说明书

> **提示：** 在输出项目文件时，Word 文档是最重要的，也是最容易输出的。

10.4.3 更多生成器

除了 HTML 生成器和 Word 生成器以外，Axure RP 9 还提供了 CSV 生成器和打印生成器两种生成器。执行"发布 > 更多生成器和配置文件"命令，如图 10-69 所示。打开"生成器配置"对话框，如图 10-70 所示。

图 10-69 执行命令

图 10-70 "生成器配置"对话框

1. CSV 生成器

CSV 是一种通用的、相对简单的文件格式，被用户、商业领域和科学领域广泛应用。对其最广泛的应用是在程序之间转移表格数据，而这些程序本身是在不兼容的格式上进行操作的（往往是私有的和／或无规范的格式）。因为大量程序都支持某种 CSV 变体，其至少是作为一种可选择的输入／输出格式。

> **提示：** CSV 文件由任意数目的记录组成，各记录之间以某种换行符分隔；每条记录由字段组成，各字段之间的分隔符是其他字符或字符串，最常见的是逗号或制表符。通常，所有记录都有完全相同的字段序列。

选择"生成器配置"对话框中的"CSV Report 1"选项，如图 10-71 所示。单击"生成"按钮或者双击"CSV Report 1"选项，在弹出的"生成 CSV 报告"对话框中设置 CSV 报告属性后，单击"Create CSV Report"按钮，即可完成 CSV 报告的生成，如图 10-72 所示。

图 10-71 选择"CSV Report 1"选项

图 10-72 设置 CSV 报告属性

2. 打印生成器

打印生成器是指如果需要定期打印不同的页面或母版，可以创建不同的打印配置项，这样就不需要每次都重新去配置打印属性。如果正在从 RP 文件里打印多个页面，不必频繁地重复调整打印配置，可以为每个需要打印的页面创建单独的打印配置。

> **提示：** 在打印时，用户可以配置想打印页面的比例，这样，无论是只有几页还是文件的一整节，打印一组模板都会变得非常简单。

选择"生成器配置"对话框中的"Print 1（默认）"选项，如图 10-73 所示。单击"生成"按钮或者双击"Print 1（默认）"选项，在弹出的"打印"对话框中设置打印报告属性后，单击"打印"按钮，即可开始打印项目页面，如图 10-74 所示。

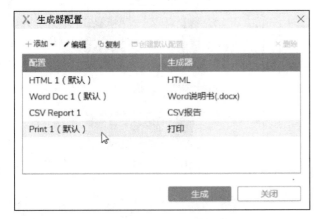

图 10-73 选择"Print 1（默认）"选项

图 10-74 设置打印报告属性

> **提示：** 为了确保打印的正确性，用户可以在完成各项参数的设置后，单击"打印"对话框底部的"预览"按钮，在"Axure 打印预览"对话框中预览打印效果。

10.5 本章小结

本章讲解了 Axure RP 9 中使用团队项目的方法以及项目完成后的发布与输出，帮助读者熟练掌握创建、加入、打开和编辑团队项目的流程，深刻体会使用团队项目的优势。同时还帮助读者掌握将原型文件输出为不同格式的流程，并熟练掌握 HTML 生成器和 Word 生成器的使用方法。

10.6 课后练习——完成团队项目的签入与签出

扫码看视频

掌握 Axure RP 9 中团队合作和输出的方法后，读者应通过多次练习加深对相关知识点的理解。接下来通过完成团队项目的签入和签出，进一步理解团队合作与输出的相关知识。

步骤 01 打开完成的项目文件，创建团队项目，如图10-75所示。

步骤 02 本地保存项目文件，如图10-76所示。

图 10-75　创建团队项目

图 10-76　本地保存项目文件

步骤 03 执行"团队＞签出全部"命令，将项目文件全部签出，如图10-77所示。

步骤 04 执行"团队＞签入全部"命令，将项目文件全部签入，如图10-78所示。

图 10-77　全部签出项目文件

图 10-78　全部签入项目文件

10.7 课后测试

完成本章内容的学习后，通过几道课后习题测验读者对 Axure RP 9 相关知识的学习效果，同时加深读者对所学知识的理解。

10.7.1　选择题

1. 共享项目位置不可以创建在以下（　　　　）位置。

A. 共享的网络硬盘

B. 本地服务器

C. 公司共享的 SVN 服务器

D. SVN 托管服务器

2. 当项目完成后，单击工具栏中的"预览"按钮或按（　　　　），即可在浏览器中查看产品原型效果。

A.【Ctrl+.】组合键

B.【F10】键

C.【F1】键

D.【Enter】键

3. Axure RP 9 会自动识别当前系统中的浏览器供用户选择，默认选择（　　　　）。

A. 谷歌浏览器

B. 360 浏览器

C. IE 浏览器

D. 火狐浏览器

4. 在弹出的"发布到 Axure 云"对话框中，不可以创建一个新项目的（　　　　）。

A. 名称

B. 密码

C. 文件夹

D. 项目

5. 在输出项目文件时，（　　　　）文档是最重要的，也是最容易输出的。

A. CSV

B. HTML

C. Word

D. 打印

10.7.2　填空题

1. Axure RP 9 中一共有＿＿＿＿＿＿、＿＿＿＿＿＿、＿＿＿＿＿＿和＿＿＿＿＿＿4 种生成器。

2. 在项目文件中针对页面过多，还提供了＿＿＿＿＿、＿＿＿＿＿、＿＿＿＿＿＿及＿＿＿＿＿＿4 个按钮。

3. Axure 云是用于存放 HTML 原型的 Axure＿＿＿＿＿＿。

4. 从 2014 年 5 月开始，Axure 云就已经全部免费。每个账号可以创建＿＿＿＿＿＿项目，每个项目的大小限制为＿＿＿＿＿＿。

5. 在输出项目文件之前，首先要了解生成器的概念。所谓生成器就是＿＿＿＿＿＿。

10.7.3　操作题

根据前面所学的内容，创建 Axure 云账号并上传原型项目。

第 11 章
设计制作网页原型

通过前面的学习，读者应该基本掌握了 Axure RP 9 的使用方法。本章将通过制作 PC 端网页产品原型，帮助读者理解 Axure RP 9 的功能，同时帮助读者了解实际工作中制作产品原型的工作流程和制作规范，使读者可以将所学到的内容应用到实际的工作中。

本章知识点

- 设计制作邮箱加载页面
- 设计制作微博用户评论页面
- 设计制作课程购买页面
- 使用并设置链接类动作
- 设置制作商品分类页面
- 设计制作课程选择页面

11.1 设计制作 QQ 邮箱加载页面

本案例将设计制作 QQ 邮箱加载页面原型。需要在原型文件中制作 3 个页面，再使用"热区"元件为其添加交互，实现 3 个页面的切换效果。

扫码看视频

11.1.1 案例分析

当用户输入用户名和密码后，单击"登录"按钮，即可启动页面加载效果。页面加载完成后直接进入邮箱界面。为了便于用户查看效果，本案例中将加载时间设置得较长，制作时用户可以根据情况修改加载时间，实现更好的交互效果。

11.1.2 案例效果

本产品原型案例中共包含了登录、加载和登录成功3个页面，原型文件及其原型预览效果如图11-1所示。

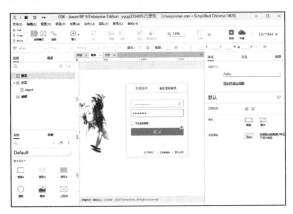

图 11-1 原型文件及其原型预览效果

11.1.3 制作步骤

步骤01 新建一个Axure RP 9文件，如图11-2所示。将"矩形1"元件拖曳到页面中，在"样式"面板中设置位置和尺寸并将其命名为"蓝色矩形"，如图11-3所示。

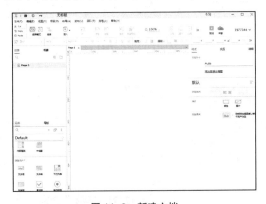

图 11-2 新建文档　　　　　　　　　　图 11-3 设置样式（1）

步骤02 在"样式"面板中设置元件的"填充"颜色为#FFFFFF，"线段"颜色为#A1A9B7，如图11-4所示。元件效果如图11-5所示。

图 11-4 设置颜色　　　　　　　　　　图 11-5 元件效果

步骤03 将"动态面板"元件拖曳到页面中并放置在"矩形1"元件上，设置其位置和尺寸如图11-6所示。双击进入动态面板编辑模式，将"矩形1"元件拖曳到页面中，并设置其样式如图11-7所示。

图 11-6 设置样式（2）

图 11-7 设置样式（3）

步骤 04 "矩形"元件效果如图11-8所示。再次拖入一个"动态面板"元件，设置其名称为"进度"，如图11-9所示。

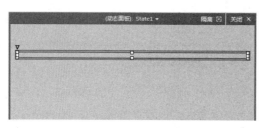

图 11-8 "矩形"元件效果

图 11-9 设置元件名称

步骤 05 双击进入动态面板编辑模式，拖入一个"矩形1"元件，如图11-10所示。"概要"面板如图11-11所示。

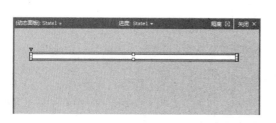

图 11-10 拖入"矩形 1"元件

图 11-11 "概要"面板

步骤 06 返回page1页面，将"文本标签"元件拖入页面中，在"样式"面板中设置各项参数，如图11-12所示。设置字体为Arial，字号为16，字体颜色为#333333，字体样式为粗体，输入文本内容，文本样式效果如图11-13所示。

图 11-12 使用"文本标签"元件

图 11-13 文本样式效果

步骤 07 在"交互编辑器"对话框中添加"页面载入时"事件，再添加"移动"动作，如图11-14所示。再次添加"移动"动作，如图11-15所示。单击"确定"按钮，完成页面交互的添加。

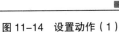

图 11-14　设置动作（1）

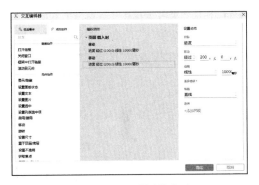

图 11-15　设置动作（2）

步骤 08 执行"发布＞预览"命令或按组合键【Ctrl+.】，预览交互效果如图11-16所示。在"页面"面板中将page1页面重命名为"进度"并新建一个名称为"登录"的页面，如图11-17所示。

图 11-16　预览交互效果

图 11-17　新建页面

步骤 09 双击打开"登录"页面，将"图片"元件拖曳到页面中，设置图片样式如图11-18所示。导入图11-19所示图片素材。

图 11-18　设置图片样式

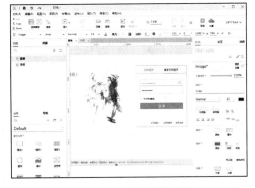

图 11-19　导入图片素材

步骤 10 将"热区"元件拖曳到页面中并覆盖在"登录"按钮上，如图11-20所示。在"交互编辑器"对话框中添加"单击时"事件，再添加"打开链接"动作，设置各项参数如图11-21所示。

图 11-20　使用"热区"元件

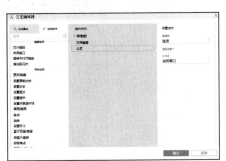

图 11-21　设置各项参数

步骤 11 执行"发布>预览"命令，预览原型效果如图11-22所示。单击"登录"按钮即可打开"进度"页面。新建一个名称为"邮箱"的页面，将一个"图片"元件拖入并导入图片，如图11-23所示。

图 11-22　预览原型效果

图 11-23　新建页面并导入图片

步骤 12 双击进入"进度"页面，在"交互编辑器"对话框中继续为页面添加"等待"动作，设置动作如图11-24所示。添加"打开链接"动作，设置动作，如图11-25所示。

图 11-24　设置动作（3）

图 11-25　设置动作（4）

步骤 13 执行"文件>保存"命令，将原型项目保存。双击进入"登录"页面，单击工具栏上的"预览"按钮，预览效果如图11-26所示。

图 11-26　预览效果

11.2 设计制作微博用户评论页面

当用户单击某个按钮时，自动弹出一个新的窗口提示错误或提示操作。这种效果在网页中非常常见。本案例将制作一个微博用户评论页面的原型，当用户单击"评论"按钮时，弹出提示登录的页面。

11.2.1 案例分析

首先使用"文本框"元件、"按钮"元件和"图片"元件完成基本页面的制作；使用"动态面板"元件完成弹出页面的制作；通过为"按钮"元件添加交互样式，实现鼠标指针悬停的按钮效果；最后，通过添加"显示/隐藏"动作，完成页面效果的制作。

11.2.2 案例效果

本产品原型案例只需制作一个页面即可完成交互效果，原型文件及其原型预览效果如图11-27所示。

图 11-27 原型文件及其原型预览效果

11.2.3 制作步骤

步骤 01 新建一个Axure RP 9文件。将"图片"元件拖曳到页面中并导入图片素材，如图11-28所示。将"矩形2"元件拖曳到页面中，设置大小和位置，如图11-29所示。

图 11-28 导入图片素材　　　　　　图 11-29 设置矩形大小和位置

步骤 02 将"文本框"元件拖曳到页面中，单击"交互"面板中的"提示"选项，再单击"提示属性"选项，设置各项参数，如图11-30所示。使用"图片"元件和"复选框"元件完成图11-31所示的页面效果。

图 11-30 设置各项参数　　　　　　图 11-31 页面效果

步骤 03 将"按钮"元件拖入到页面中，在"样式"面板中修改"填充颜色"为#FF6600，圆角"半径"为1，"边框"为无，按钮效果如图11-32所示。单击"交互"面板上的"鼠标悬停"选项，设置"填充颜色"为#FF6633，如图11-33所示。

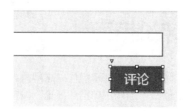

图 11-32　按钮效果

图 11-33　设置"填充颜色"

步骤 04　单击"完成"按钮。在页面中拖入一个"动态面板"元件，如图11-34所示。双击进入动态面板编辑模式，拖入"图片"元件并导入图片素材，如图11-35所示。

图 11-34　拖入"动态面板"元件

图 11-35　拖入"图片"元件并导入图片素材

步骤 05　将"热区"元件拖曳到页面中，调整大小和位置，如图11-36所示。选中"热区"元件，在"交互编辑器"对话框中添加"单击时"事件，再添加"显示/隐藏"动作，设置动作各项参数如图11-37所示。

图 11-36　使用"热区"元件

图 11-37　设置动作各项参数（1）

步骤 06　返回page1页面，选中"动态面板"元件，单击工具栏上的"隐藏"按钮，效果如图11-38所示。选中"评论"按钮，在"交互编辑器"对话框中为其添加"单击时"事件，再添加"显示/隐藏"动作，设置动作各项参数如图11-39所示。

图 11-38　隐藏元件

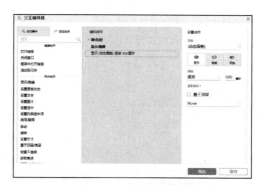
图 11-39　设置动作各项参数（2）

步骤 07　在页面上单击鼠标左键，在"样式"面板中设置页面排列方式为居中对齐，如图11-40所示。执行"发布＞生成HTML文件"命令，设置弹出的"发布项目"对话框中的各项参数如图11-41所示。

图 11-40　设置页面排列方式　　　图 11-41　设置"发布项目"对话框中的各项参数

步骤 08 单击"发布到本地"按钮，稍等片刻，即可在发布位置看到生成的HTML文件，如图11-42所示。双击page1.html文件，原型预览效果如图11-43所示。

data	2020/3/7 16:02	文件夹
files	2020/3/7 16:02	文件夹
images	2020/3/7 16:02	文件夹
plugins	2020/3/7 16:02	文件夹
resources	2020/3/7 16:02	文件夹
index.html	2020/2/5 15:37	Chrome HTML D...	7 KB
page1.html	2020/2/7 16:05	Chrome HTML D...	6 KB
start.html	2020/2/5 15:37	Chrome HTML D...	7 KB
start_c_1.html	2018/5/21 21:07	Chrome HTML D...	1 KB
start_with_pages.html	2019/1/3 10:45	Chrome HTML D...	1 KB

图 11-42　HTML 文件　　　　　　　图 11-43　原型预览效果

11.3　设计制作课程购买页面

　　本案例通过为"下拉列表"元件添加"选项改变时"事件，实现对列表中的选项进行控制的效果。通过添加"显示 / 隐藏"和"设置文本"动作，实现在表单中选择选项后，在文本框中同时显示结果的交互效果。

11.3.1　案例分析

　　用户可以在下拉列表中选择想要购买的课程。选择完成后，页面下方会自动显示所选课程。这种效果便于用户查看所选内容，避免不必要的错误。

11.3.2　案例效果

　　本产品原型案例主要使用"下拉列表"元件和"文本标签"元件制作页面，原型文件及其原型预览效果如图 11-44 所示。

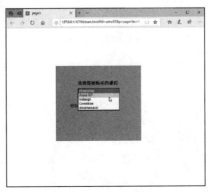

扫码看视频

图 11-44　原型文件及其原型预览效果

11.3.3 制作步骤

步骤 01 新建一个Axure RP 9文件。将"矩形1"元件拖曳到页面中，设置其名称为"背景"，"样式"面板如图11-45所示。设置元件的"填充颜色"为#FF9900，线段"颜色"为#797979，"线框"为1，按组合键【Ctrl+K】锁定"矩形"元件，元件效果如图11-46所示。

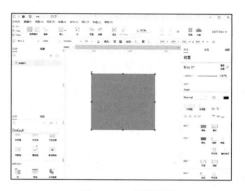

图 11-45 "样式"面板　　　　　　　　图 11-46 元件效果

步骤 02 将"文本标签"元件拖曳到页面中，输入文本并设置文本样式，如图11-47所示。将"下拉列表"元件拖曳到页面中，设置其名称为"选择课程"，如图11-48所示。

图 11-47 使用"文本标签"元件（1）　　　　图 11-48 使用"下拉列表"元件

步骤 03 双击进入"编辑下拉列表"对话框，单击"编辑多项"按钮，在弹出的"编辑多项"对话框中输入列表选项，如图11-49所示。双击"确定"按钮，"下拉列表"元件效果如图11-50所示。

图 11-49 "编辑多项"对话框　　　　图 11-50 "下拉列表"元件效果

步骤 04 将"文本标签"元件拖曳到页面中并修改文本内容，如图11-51所示。再次拖入一个"文本标签"元件，设置其名称为"结果"，如图11-52所示。单击工具栏上的"隐藏"按钮将其隐藏。

图 11-51 使用"文本标签"元件（2）　　　图 11-52 使用"文本标签"元件（3）

步骤05 选中"选择课程"元件，在"交互编辑器"对话框中添加"选项改变时"事件，再添加"设置文本"动作，设置动作各项参数如图11-53所示。再添加"显示/隐藏"动作，设置动作各项参数如图11-54所示。

图 11-53　设置动作各项参数（1）	图 11-54　设置动作各项参数（2）

步骤06 单击"确定"按钮。按组合键【Ctrl+.】预览产品原型，预览效果如图11-55所示。

图 11-55　预览效果

11.4　使用并设置链接类动作

互联网项目中，"超链接"功能是较常用的功能。本案例通过为元件添加"单击时"事件实现各种链接类动作，设置链接类动作的参数，能够实现不同的超链接效果。

11.4.1　案例分析

链接动作有很多种方式，为了便于用户理解和运用。本案例将针对"当前窗口""新窗口/新标签""弹出窗口""父级窗口""关闭窗口"和内联框架等链接类动作进行讲解，帮助用户深刻理解链接类动作。

11.4.2　案例效果

本案例通过设置多种链接类动作，实现不同的超链接效果，链接当前窗口和内联框架的页面效果如图11-56所示。

扫码看视频

图 11-56　链接当前窗口和内联框架的页面效果

11.4.3 制作步骤

步骤 01 新建一个Axure RP 9文件，将"图片"元件拖曳到页面中并导入图11-57所示的图片素材。拖入一个"文本标签"元件并修改文本内容，如图11-58所示。

图 11-57　导入图片素材　　　　　　　　　　图 11-58　使用"文本标签"元件

步骤 02 设置"图片"元件名称为"空间图片"，如图11-59所示。在"交互编辑器"对话框中为其添加"单击时"事件，再添加"打开链接"动作，设置动作参数如图11-60所示。

图 11-59　设置元件名称　　　　　　　　　　图 11-60　设置动作参数（1）

步骤 03 单击"确定"按钮，返回page1页面。单击工具栏上的"预览"按钮，原型预览效果如图11-61所示。

图 11-61　原型预览效果（1）

步骤 04 在"页面"面板中添加一个名称为"新窗口"的页面，如图11-62所示。双击打开"新窗口"页面，将"按钮"元件拖曳到页面中并修改文本内容，如图11-63所示。

图 11-62　新建页面（1）　　　　　　　　　　图 11-63　使用"按钮"元件

步骤 05 选中"按钮"元件，为其添加"单击时"事件，再添加"打开链接"动作，设置动作参数如图11-64所示。单击工具栏上的"预览"按钮，原型预览效果如图11-65所示。

图 11-64　设置动作参数（2）

图 11-65　原型预览效果（2）

步骤 06 新建"弹出窗口"页面。拖入一个"按钮"元件并修改文本，如图11-66所示。在"交互编辑器"对话框中为"按钮"元件添加"单击时"事件，再添加"弹出窗口"动作，设置动作参数如图11-67所示。

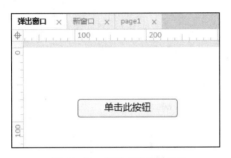

图 11-66　使用"按钮"元件

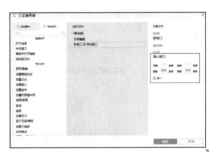

图 11-67　设置动作参数（3）

步骤 07 单击"预览"按钮，原型预览效果如图11-68所示。新建"父级窗口"页面和"子页面"页面，如图11-69所示。

图 11-68　原型预览效果（3）

图 11-69　新建页面（2）

步骤 08 双击进入"子页面"页面，拖入"图片"元件并导入图片素材，如图11-70所示。选中"图片"元件，在"交互编辑器"对话框中为其添加"单击时"事件，再添加"打开链接"动作，设置动作参数如图11-71所示。

图 11-70　导入图片素材

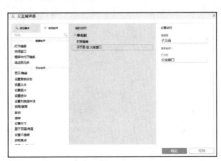

图 11-71　设置动作参数（4）

步骤 09 双击进入"父级窗口"页面，将"按钮"元件拖曳到页面中并修改文本内容，如图11-72所示。在"交互编辑器"对话框中为"按钮"元件添加"单击时"事件，再添加"打开链接"动作，设置动作参数如图11-73所示。

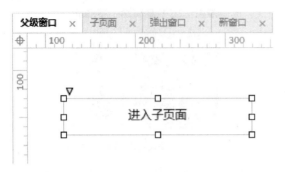

图 11-72　使用"按钮"元件　　　　　　　　　图 11-73　设置动作参数（5）

步骤 10 单击"确定"按钮，返回"父级窗口"页面。单击工具栏上的"预览"按钮，原型预览效果如图11-74所示。在"页面"面板中新建一个名称为"关闭窗口"的页面，如图11-75所示。

图 11-74　原型预览效果（4）　　　　　　图 11-75　新建页面（3）

步骤 11 双击打开"关闭窗口"页面，插入图11-76所示的图片素材。在"交互编辑器"对话框中为"图片"元件添加"单击时"事件，再添加"关闭窗口"动作，如图11-77所示。

图 11-76　插入图片素材　　　　　　　　　图 11-77　添加"关闭窗口"动作

步骤 12 单击"确定"按钮，回到"关闭窗口"页面。执行"发布>预览"命令，原型预览效果如图11-78所示。新建一个名为"内联框架"的页面，如图11-79所示。

图 11-78　原型预览效果（5）　　　　　　图 11-79　新建页面（4）

步骤 13 双击打开"内联框架"页面，将"内联框架"元件拖曳到页面中，如图11-80所示。将"表格"元件拖曳到页面中，设置并输入文本，如图11-81所示。

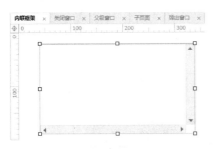

图 11-80　使用"内联框架"元件

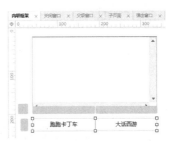

图 11-81　使用"表格"元件

步骤 14 单击选中第1个单元格，在"交互编辑器"对话框中为第1个单元格添加"单击时"事件，再添加"框架中打开链接"动作，设置第1个单元格动作如图11-82所示。使用相同的方法设置第2个单元格动作，如图11-83所示。

图 11-82　设置第1个单元格动作

图 11-83　设置第2个单元格动作

步骤 15 单击"确定"按钮，回到"内敛框架"页面，执行"文件＞保存"命令，保存文件。执行"发布＞预览"命令，原型预览效果如图11-84所示。

图 11-84　原型预览效果（6）

11.5 设计制作商品分类页面

商品分类页面是电子商务平台常见的页面，通常采用紧凑的信息组合方式。既能减少用户浏览的时间，方便用户分类查找，又能节省页面空间。本案例将设计制作网站首页中产品分类的原型。

11.5.1 案例分析

在 Axure RP 9 中，制作通过单击实现页面切换效果时，通常使用"动态面板"元件制作页面，然后为其添加"单击时"事件和"设置面板状态"动作，实现单击不同元件显示动态面板不同页面的效果。

11.5.2 案例效果

本案例使用"动态面板"制作 4 个面板状态，通过单击不同的菜单设置显示"动态面板"元件的不同状态，案例预览效果如图 11-85 所示。

扫码看视频

图 11-85 案例预览效果

11.5.3 制作步骤

步骤 01 新建一个Axure RP 9文件。将"矩形1"元件拖曳到页面中，设置位置和尺寸如图11-86所示。设置填充"颜色"为白色，线段"颜色"为#CCCCCC，线框为1，矩形效果如图11-87所示。

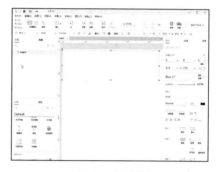

图 11-86 设置位置和尺寸　　　　　　　　图 11-87 矩形效果

步骤 02 将"动态面板"元件拖曳到页面中，设置其名称为"项目列表"，设置样式如图11-88所示。元件效果如图11-89所示。

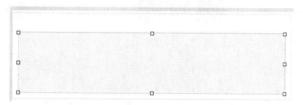

图 11-88 设置元件样式　　　　　　　　图 11-89 元件效果

步骤 03 双击进入"动态面板"编辑模式，修改面板状态1名称为pic1，拖入"图片"元件并导入图片素材，如图11-90所示。再添加3个面板状态并添加图片素材，如图11-91所示。

图 11-90 新建面板状态并导入图片素材　　　　图 11-91 完成其他 3 个面板状态的制作

步骤 04 返回page1页面，将"三级标题"元件拖曳到页面中，修改文本内容和元件样式如图11-92所示。单击"样式"面板中"线段"选项下的"可见性"图标，设置可见性如图11-93所示。

图 11-92　修改文本内容和元件样式　　　　图 11-93　设置可见性

步骤 05 使用相同的方法完成图11-94所示文本标题菜单的制作。选中"生活服务"元件，在"交互编辑器"对话框中为其添加"单击时"事件，再添加"设置面板状态"动作，设置动作如图11-95所示。

图 11-94　文本标题菜单　　　　　　　　　　图 11-95　设置动作

步骤 06 使用相同的方法，分别为其他文本菜单添加交互效果，完成页面效果如图11-96所示。单击工具栏上的"预览"按钮，原型预览效果如图11-97所示。

图 11-96　完成页面效果　　　　　　　　　　图 11-97　原型预览效果

11.6　设计制作课程选择页面

在页面中使用表单可以很好地实现网站与用户的互动。本案例将使用单元按钮组完成一个课程选择页面原型的制作。

扫码看视频

11.6.1　案例分析

本案例使用单选按钮的编组功能制作单选项效果。当用户获取一个"单元按钮"元件的焦点时，可以为其设置选中和设置文本动作。并通过使用"显示 / 隐藏"动作控制页面中其他元件的显示效果。

11.6.2　案例效果

本案例主要使用"文本标签"元件和"单元按钮"元件完成页面效果的制作，案例预览效果如图 11-98 所示。

图 11-98　案例预览效果

11.6.3　制作步骤

步骤 01　新建一个Axure RP 9文件，将"矩形3"元件拖曳到页面中，设置其名称为"背景"，设置元件样式如图11-99所示。拖曳"矩形"元件左上角的黄色三角形，元件效果如图11-100所示。

图 11-99　设置元件样式

图 11-100　元件效果

步骤 02　将"文本标签"元件拖曳到页面中，修改文本内容，如图11-101所示。将"单选按钮"元件拖入页面，设置名称为"选项1"，修改文本内容，如图11-102所示。

图 11-101　使用"文本标签"元件（1）

图 11-102　使用"单选按钮"元件

步骤 03　使用相同的方法制作其他单选按钮，如图11-103所示。继续拖入一个"文本标签"元件，修改文本内容，如图11-104所示。

图 11-103　制作其他单选按钮

图 11-104　使用"文本标签"元件（2）

步骤 04　再次拖入一个"文本标签"元件，删除文本内容并设置为隐藏，设置名称为"显示答案"，如图11-105所示。拖曳选中所有"单选按钮"元件，右击，在弹出的快捷菜单中选择"指定单选按钮的组"命令，如图11-106所示。

图 11-105　使用"文本标签"元件（3）　　图 11-106　选择"指定单选按钮的组"命令

步骤 05 在弹出的"选项组"对话框中设置组名称，如图11-107所示。选择"选项1"元件，在"交互编辑器"对话框中添加"获取焦点时"事件，再添加"设置选中"动作，设置动作参数如图11-108所示。

图 11-107 设置组名称

图 11-108 设置动作参数（1）

步骤 06 添加"设置文本"动作，设置动作参数如图11-109所示。添加"显示/隐藏"动作，设置动作参数如图11-110所示。

图 11-109 设置动作参数（2）

图 11-110 设置动作参数（3）

步骤 07 使用相同的方法，在"交互编辑器"对话框中为"选项2"元件和"选项3"元件设置动作，如图11-111所示。

图 11-111 设置动作参数（4）

步骤 08 执行"文件＞保存"命令，保存文件。单击工具栏上的"预览"按钮，原型预览效果如图11-112所示。

图 11-112 原型预览效果

11.7 本章小结

本章通过制作6个网页交互原型案例，帮助读者综合应用 Axure RP 9 的各种功能，并深刻体会 Axure RP 9 在互联网产品开发中的作用。

11.8 课后练习——设计制作抽奖活动页面原型

完成网页交互原型案例制作后，读者应通过多次练习加深对相关知识点的理解。接下来通过设计制作抽奖活动页面原型，进一步讲解网页交互制作的要点。

步骤 01 新建一个Axure RP 9文件，使用"图片"元件并导入图片素材，如图11-113所示。

步骤 02 在"交互编辑器"对话框中添加"单击时"事件，再添加"设置变量值"动作，如图11-114所示。

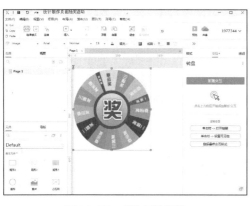

图 11-113　导入图片素材

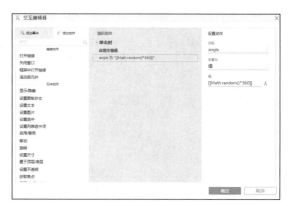

图 11-114　添加事件和动作

步骤 03 添加"旋转"动作，设置旋转动作如图11-115所示。

步骤 04 添加"等待"动作，设置等待5000毫秒，预览页面效果如图11-116所示。

图 11-115　设置旋转动作

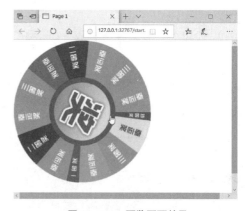

图 11-116　预览页面效果

11.9 课后测试

根据前面所学的内容，设计制作搜索引擎网站页面交互原型。

第 12 章
设计制作 App 原型

本章主要讲解设计制作一款创意家居 App 原型。通过 App 原型的制作帮助读者了解并掌握 Axure RP 9 制作移动端产品原型的要求和流程。为了方便读者学习，本章将案例分为页面原型制作和交互原型制作两部分，便于读者从不同角度学习移动端 App 原型的制作方法。

本章知识点
- 设计制作 App 页面原型
- 设计制作 App 交互原型

12.1　设计制作 App 页面原型

本案例为设计制作一款创意家居 App 原型。用户在该 App 中可以购买不同设计师、不同风格的家居产品；而设计师可以创建个人页面，发布个人的作品供用户选择。其是一款集社交、购物于一体的新兴电子商务设计平台。

1. 案例分析

本 App 将运行于 iOS 系统，在设计制作原型时要遵循 iOS 系统的要求规范，严格控制页面的尺寸、图标的尺寸和文本的尺寸。为了提高制作效率，应尽可能使用元件样式控制页面中的文本样式，使用母版制作页面中相同的内容，例如状态栏和标签栏。

2. 案例效果

由于 App 页面很多，本案例按照页面的功能将页面分为启动页面、会员系统页面、App 首页和设计师页面 4 个部分，案例预览效果如图 12-1 所示。

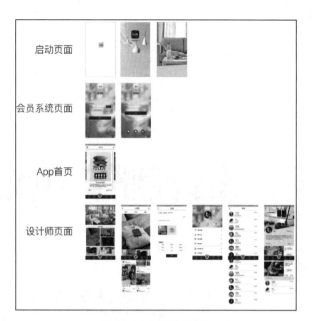

图 12-1　案例预览效果

12.1.1　设计制作 App 启动页面

App 启动页面通常指的是进入主页面之前的页面。本案例中包括主界面、启动页和开屏广告页面。

步骤 01 新建一个 Axure RP 9 文件。在"样式"面板中设置页面样式，如图12-2所示。将"矩形2"元件拖曳到页面中并设置样式，如图12-3所示。

图 12-2　设置页面样式

图 12-3　使用"矩形 2"元件

扫码看视频

提示： 使用 Axure RP 9 预设的 iPhone 8 尺寸并设为 1 倍尺寸，一般应用于屏幕分辨率较低的设备。用户若想获得较高的分辨率效果，可以使用 3 倍尺寸。

步骤 02 将"二级标题"元件拖曳到页面中，修改文本内容并设置其文本样式，如图12-4所示。拖曳选中"二级标题"元件和"矩形2"元件，单击工具栏上的"组合"按钮完成编组操作，在"页面"面板中修改页面名称为"主界面"，如图12-5所示。

图 12-4　使用"二级标题"元件

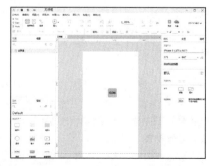

图 12-5　组合并修改页面名称

步骤 03 单击"样式"面板上的"管理元件样式"按钮,在弹出的"元件样式管理"对话框中新建一个名称为"文本10"的样式,如图12-6所示。在对话框右侧设置元件样式如图12-7所示。

图 12-6　新建元件样式

图 12-7　设置元件样式

提示: App 界面中的文字尽量采用 2 的倍数的字号。iOS 系统中的字体都应采用苹方字体,以保证最终预览效果的正确性。

步骤 04 单击"复制"按钮,分别创建字号为12、14、16的样式,如图12-8所示。

步骤 05 新建一个名称为"启动页"的页面,将"图片"元件拖曳到页面中并导入图片素材,如图12-9所示。

图 12-8　新建样式

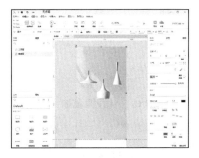

图 12-9　新建页面并导入图片素材

步骤 06 在"元件"面板中选择iOS11元件库,将白色的系统状态栏元件拖曳到页面中,调整大小和位置如图12-10所示。右击,在弹出的快捷菜单中选择"转换为母版",如图12-11所示。

图 12-10　调整大小和位置

图 12-11　转换为母版

步骤 07 在弹出的"创建母版"对话框中设置母版名称为"状态栏",如图12-12所示。单击"继续"按钮,完成母版的创建。使用矩形元件和文本元件制作图12-13所示的图标。

图 12-12　设置母版名称

图 12-13　制作图标

步骤 08 将"文本标签"元件拖曳到页面中并修改文本内容，在"样式"面板中选择"文本12"样式，如图12-14所示。

步骤 09 将"文本标签"元件拖曳到页面中，修改文本内容并选择"文本12"样式，在"样式"面板中修改文本颜色为白色，对齐方式为居中，如图12-15所示。

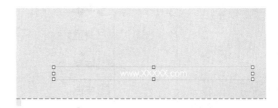

图 12-14 使用"文本标签"元件并应用样式（1） 　　图 12-15 使用"文本标签"元件并应用样式（2）

步骤 10 新建一个名称为"开屏广告"的页面，将"动态面板"元件拖曳到页面中并命名为"pop"，"样式"面板如图12-16所示。双击进入动态面板编辑模式，新建2个面板状态，在每个状态中插入图片素材，如图12-17所示。

图 12-16 "样式"面板 　　　　　　　　图 12-17 新建面板状态并插入图片素材

步骤 11 返回页面编辑模式，将"标签栏"元件从"母版"面板中拖曳到页面中，如图12-18所示。

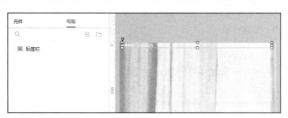

图 12-18 将"标签栏"元件从"母版"面板中拖曳到页面中

12.1.2 设计制作 App 会员系统页面

会员系统是 App 中非常重要的组成部分，通常用来收集和管理用户信息。限于篇幅关系，本案例只制作注册页面和登录页面。

步骤 01 新建一个名称为"登录页"的页面，将"图片"元件拖曳到页面中并插入图片素材，如图12-19所示。

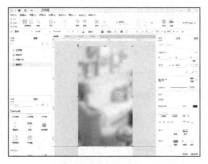
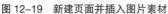

图 12-19 新建页面并插入图片素材

扫码看视频

步骤 02 使用"文本框"元件创建图12-20所示效果。在"样式"面板中使用"文本14"样式并设置线段可见性，如图12-21所示。在"密码"文本框上右击，在弹出的快捷菜单中选择"输入类型>密码"命令。

图 12-20 使用"文本框"元件　　　　　　　　　图 12-21 设置样式

步骤 03 继续使用"状态栏"母版文件、文本元件、图标元件和"图片"元件制作页面中其他内容，完成登录页的制作，如图12-22所示。新建一个名称为"注册页"的页面，使用制作"登录页"的方法制作完成图12-23所示页面的制作。

图 12-22 完成登录页的制作　　　图 12-23 完成注册页的制作

12.1.3 设计制作 App 首页

首页通常是一个 App 向用户展示项目内容的最全面的页面，用户可以在"首页"页面中第一时间了解 App 的内容，感受 App 要传达的信息。

步骤 01 在"母版"面板中新建一个名称为"标签栏"的文件，将"动态面板"元件拖曳到页面中，双击进入面板编辑状态，使用"图片"元件和文本元件制作标签栏效果，如图12-24所示。

图 12-24 制作标签栏效果

步骤 02 继续新建3个状态，使用相同的方法完成页面的制作，如图12-25所示。

图 12-25 完成页面的制作

步骤03 新建一个名称为"首页"的页面，使用母版文件、文本元件、矩形元件和水平线元件制作图12-26所示页面。将"动态面板"元件拖曳到页面中，设置其名称为menu，双击进入面板编辑模式，使用图片元件、文本元件和矩形元件制作动态面板页面，如图12-27所示。

图 12-26　制作页面

图 12-27　制作动态面板页面

步骤04 新建两个面板状态并分别修改页面效果，如图12-28所示。

图 12-28　新建面板状态并分别修改页面效果

12.1.4　设计制作 App 设计师页面

设计师页面是该 App 中的一个核心页面。用户可以根据个人喜好访问不同的设计师页面，寻找感兴趣的内容。

步骤01 为"首页"页面添加名称为"设计师"的子页面，如图12-29所示。继续为"设计师"页面添加名称为"简约"的子页面，为"简约"页面添加名称为"简介"的子页面，如图12-30所示。

扫码看视频

图 12-29　"设计师"页面　　　图 12-30　"简约"页面和"简介"页面

步骤02 继续使用相同的方法为"首页"页面添加名称为"购物""定制""我的"的子页面，子页面效果如图12-31所示。"页面"面板如图12-32所示。

图 12-31　子页面效果　　　　　　　　　　　图 12-32　"页面"面板

12.2　设计制作 App 交互原型

创意家居 App 的页面原型制作完成后，需要为其添加交互将所有页面结合在一起，形成高保真的产品原型，便于用户和开发人员了解整个项目中页面的关系。

1. 案例分析

在为 App 原型添加交互时，通常会采用添加到页面和元件两种方式。例如启动页和广告页，都可通过设置"页面载入时"事件实现交互效果。而页面中针对单个元件的交互效果，通常需要选中元件再添加交互。

2. 案例效果

本案例制作了创意家居 App 中最基础的页面交互效果，页面交互关系如图 12-33 所示。

图 12-33　页面交互关系

12.2.1　设计制作 App 页面导航交互

由于该原型将底部的标签栏制作成母版并应用到所有页面中，因此只需为母版添加交互就能完成所有页面中的页面导航交互效果。

步骤 01 双击"母版"面板中的"标签栏"文件，进入母版编辑模式，双击动态面板元件，将"热区"元件拖曳到页面中，调整大小和位置，如图12-34所示。在"交互编辑器"对话框中添加交互，如图12-35所示。

图 12-34　使用"热区"元件

图 12-35　添加交互（1）

扫码看视频

步骤 02 使用相同的方法为其他栏目添加交互效果，如图12-36所示。使用相同的方法为动态面板的其他面板状态添加交互。

步骤 03 进入"主界面"页面，选中图标组，在"交互编辑器"对话框中为其添加"单击时"事件，再添加"打开链接"动作，设置动作如图12-37所示。

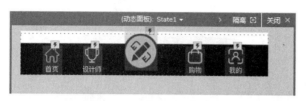

图 12-36　添加交互效果

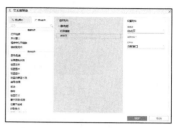

图 12-37　设置动作（1）

步骤 04 进入"启动页"页面，在"交互编辑器"对话框中添加"页面载入时"事件，再添加"等待"动作，设置"等待"数值为2000毫秒，如图12-38所示。再添加"打开链接"动作，设置动作如图12-39所示。

图 12-38　添加页面交互

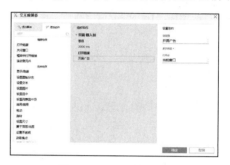

图 12-39　设置动作（2）

步骤 05 进入"开屏广告"页面，双击pop动态面板元件，进入面板编辑模式，使用"圆形"元件绘制一个9×9的圆形，如图12-40所示。选中圆形，在"交互编辑器"对话框中为其添加"单击时"事件，再添加"设置面板状态"动作，设置动作如图12-41所示。

图 12-40　绘制圆形（1）

图 12-41　设置动作（3）

步骤 06 继续绘制圆形，如图12-42所示。在"交互编辑器"对话框中为其添加交互事件，如图12-43所示。

图 12-42　绘制圆形（2）

图 12-43　添加交互事件（1）

步骤 07 继续绘制图12-44所示圆形。在"交互编辑器"对话框中为其添加交互事件，如图12-45所示。

图 12-44　绘制圆形（3）

图 12-45　添加交互事件（2）

步骤 08 将3个圆形元件复制到其他两个面板状态，如图12-46所示。

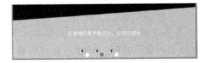

图 12-46　复制圆形元件

步骤 09 进入State3状态，在页面中拖入一个"动态面板"元件，将其命名为tiyan，双击进入面板编辑模式，拖入一个"按钮"元件，修改文本和样式，如图12-47所示。在"交互编辑器"对话框中添加交互，如图12-48所示。

图 12-47　使用"按钮"元件

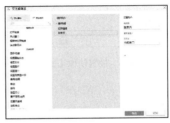

图 12-48　添加交互（2）

步骤 10 添加一个面板状态，使用"按钮"元件创建图12-49所示的效果。在"交互编辑器"对话框中添加交互，如图12-50所示。

图 12-49　创建效果

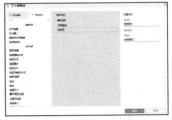

图 12-50　添加交互（3）

步骤 11 单击"关闭"按钮，返回State3状态。选中tiyan元件，在"交互编辑器"对话框中添加"鼠标移入时"事件，再添加"设置面板状态"动作，设置动作如图12-51所示。再添加"设置面板状态"动作，设置动作如图12-52所示。

图 12-51　设置动作（4）

图 12-52　设置动作（5）

步骤12 添加"鼠标移出时"事件，再添加"设置面板状态"动作，设置动作如图12-53所示。再添加"设置面板状态"动作，设置动作如图12-54所示。

图 12-53　设置动作（6）

图 12-54　设置动作（7）

步骤13 添加"单击时"事件，再添加"打开链接"动作，设置动作如图12-55所示。单击"确定"按钮，页面效果如图12-56所示。单击面板编辑模式右上角的"关闭"按钮，返回页面编辑模式。

图 12-55　设置动作（8）

图 12-56　页面效果

步骤14 在"交互编辑器"对话框中添加"页面载入时"事件，再添加"设置面板状态"动作，设置动作如图12-57所示。

图 12-57　设置动作（9）

12.2.2　设计制作 App 注册 / 登录页面交互

本案例为注册 / 登录页面添加了简单的超链接交互，用来实现当用户单击按钮元件时跳转到对应页面的交互效果。

步骤01 进入"首页"页面，选中"登录"按钮，在"交互编辑器"对话框中为其添加交互，如图12-58所示。

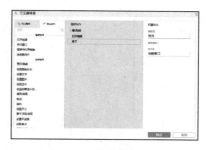

图 12-58　添加交互（1）

扫码看视频

步骤 02 选中"注册页"文本元件，在"交互编辑器"对话框中为其添加交互，如图12-59所示。分别选中页面中的3个图片，在"交互编辑器"对话框中为其添加交互，如图12-60所示。

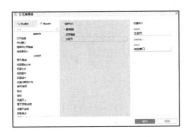 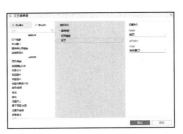

图 12-59　添加交互（2）　　　　　　　　图 12-60　添加交互（3）

步骤 03 进入"登录页"页面，选中"提交"按钮，在"交互编辑器"对话框中为其添加交互，如图12-61所示。进入"首页"页面，选中menu元件，在"交互编辑器"对话框中添加"向左拖曳结束时"事件，再添加"设置面板状态"动作，设置动作如图12-62所示。

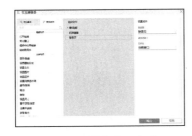 

图 12-61　添加交互（4）　　　　　　　　图 12-62　设置动作（1）

步骤 04 添加"向右拖曳结束时"事件，再添加"设置面板状态"动作，设置动作如图12-63所示。

图 12-63　设置动作（2）

12.2.3　设计制作 App 主页面交互

本案例将为创意家居 App 主页面添加交互，实现页面间的跳转，展示"设计师"页面、"购物"页面、"定制"页面和"我的"页面的交互效果。

步骤 01 进入"设计师"页面，选中任一动态面板，在"交互编辑器"对话框中添加"鼠标移入时"事件，再添加"设置面板状态"动作，设置动作如图12-64所示。

图 12-64　设置动作（1）

扫码看视频

步骤 02 添加"鼠标移出时"事件，再添加"设置面板状态"动作，设置动作如图12-65所示。添加"单击时"事件，再添加"打开链接"动作，设置动作如图12-66所示。

图 12-65　设置动作（2）

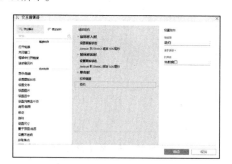

图 12-66　设置动作（3）

步骤 03 继续使用相同的方法为其他元件添加交互效果，如图12-67所示。进入"购物"页面，选中pic元件，在"交互编辑器"对话框中为其添加交互，如图12-68所示。

图 12-67　添加交互效果

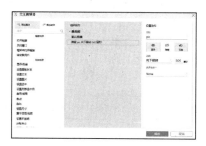

图 12-68　添加交互（1）

步骤 04 选中页面中的图片元件，如图12-69所示。在"交互编辑器"对话框中为其添加"单击时"事件，再添加"显示/隐藏"动作，设置动作如图12-70所示。

图 12-69　选中图片元件

图 12-70　设置动作（4）

步骤 05 在页面空白位置单击，在"交互编辑器"对话框中添加"页面载入时"事件，再添加"设置面板状态"动作，设置动作如图12-71所示。添加"显示/隐藏"动作，设置动作如图12-72所示。

图 12-71　设置动作（5）

图 12-72　设置动作（6）

步骤 06 将"热区"元件拖曳到页面中，调整大小和位置，如图12-73所示。在"交互编辑器"对话框中添加交互，如图12-74所示。

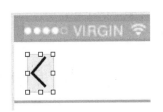

图 12-73 使用"热区"元件

图 12-74 添加交互（2）

步骤 07 进入"定制"页面，选中"现代"动态面板元件，如图12-75所示。在"交互编辑器"对话框中添加"单击时"事件，再添加"设置面板状态"动作，设置动作如图12-76所示。

图 12-75 选中元件

图 12-76 设置动作（7）

步骤 08 使用相同的方法为其他元件添加交互，添加交互后的页面效果如图12-77所示。执行"文件>保存"命令，将文件保存。返回"主界面"页面，如图12-78所示。

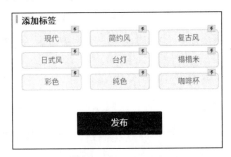

图 12-77 添加交互后的页面效果

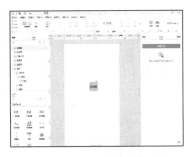

图 12-78 返回"主界面"页面

步骤 09 按组合键【Ctrl+.】预览原型，原型预览效果如图12-79所示。

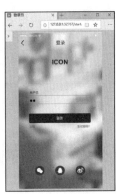

图 12-79 原型预览效果

12.3 本章小结

本章通过设计制作创意家居 App 交互原型的案例，帮助读者了解 App 产品原型的制作流程和技巧，同时还帮助读者熟悉了 iOS 系统中对页面元素的规范要求。

12.4 课后练习——设计制作 App 轮播图原型

完成 App 交互原型案例制作后，读者应通过多次练习加深对相关知识点的理解。接下来通过设计制作 App 轮播图原型，进一步讲解网页交互制作的要点。

步骤 01 新建一个Axure RP 9文件，将"动态面板"元件拖曳到页面中并命名为"轮替图"，如图12-80所示。

步骤 02 双击进入面板编辑模式，新建一个面板状态，分别在两个面板状态中插入图片素材，如图12-81所示。

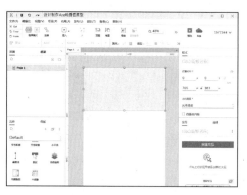

图 12-80 使用"动态面板"元件

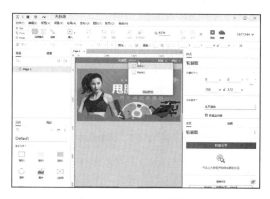

图 12-81 插入图片素材

步骤 03 在页面中单击，在"交互编辑器"对话框中添加"页面载入时"事件，再添加"设置面板状态"动作，设置动作如图12-82所示。

步骤 04 单击工具栏上的"预览"按钮，预览页面如图12-83所示。

图 12-82 设置动作

图 12-83 预览页面

12.5 课后测试

根据前面所学的内容，设计制作微信 App 界面原型项目。